我爱布杂货

爱上温暖感布作

DIY玩布置编辑部　编著

河南科学技术出版社

·郑州·

编辑导读

爱上温暖感布作

冬天窝在家里做裁缝，很有温馨的手作情调，总是能从中发掘很多乐趣。可以细细拼缝，为家人做一条舒适的盖毯；用毛绒感的不织布或毛巾布，跟孩子一起完成故事里的逗趣玩偶；或者试着做一件适合秋冬穿着的衬衫外套，或把美丽的格纹布变成很有英国风的披肩；还可以做保暖又有造型的森林系围巾、不会让脚着凉的室内鞋、可放暖暖包的厚棉手套，这些都是一定要拥有的冬季布作小物。

本书的布作“专题策划”要告诉你各种适合冬天的布作设计，从温暖配色到杂货创意提供多样的灵感：美丽质感的厚布料及毛料，适合用来缝制什么作品？缝纫上又有哪些车缝技巧要注意？如何搭配素材才能表现出富有温暖感的手作包或家饰品？这些问题书中都有详尽的解说。

绝对实用的缝纫小课堂，则要介绍很多布作诀窍。老师们将示范在布料上开窗的剪布技巧，即使剪下的碎布也能再做成装饰贴布，一点都不浪费。此外，超高人气的婴儿鞋更是不能错过，创新的鞋子做法，一下子克服了婴儿鞋制作的两大困难——不仅比以往复杂的方式更易上手，而且还使小小鞋子保有改造弹性，可随意调整尺寸，不用担心孩子长大就穿不上，这么聪明的方法你一定要试试看!

contents

目录

缝纫小课堂&布作巧思

好店特搜

PinkCo

设计围巾起家，Pink&Co将热爱的花布化为一个个风格独一无二的个性包包，在店里也有服饰、内搭裤、小零钱包等生活小物可挑选。

PinkCo Bag's blog

http://www.wretch.cc/blog/pinkcobag

PinkCo

仅此一款的魅力设计

热情洋溢的女孩Co和语调活泼的男孩Pink，两个勇闯手作界的“80后”，凭着对花布的热爱，从老被警察撵的小摊贩，到如今在西门町红楼内拥有自己的摊位，这一点一滴的成长，正诉说着手作的无畏精神。

文 / Amy 摄影 / 王正毅

采访当日，西门町正飘着毛毛细雨，红楼专属创意园地“十六工房”也因时间尚早，还未开放。趁着这个空当，拜访了当天顾店的女孩Co，初见面时的生疏感，在Co的爽朗笑声中，很快化为好友般的亲切感。来到PinkCo的店里，谈笑声此起彼落，话匣子一开停不了。在这里，你也能用最愉悦的心情，轻松欣赏花布们的创意组合。

PinkCo的招牌围巾，双色混搭，质感柔暖，除了单件围法外，也有以两个圆圈彼此套住的双层围法，单色布与花布混搭出既俏皮又稳重的色调。

店内将壁贴与挂钩相结合，挂帽子也能是布置的一环。

创意来自于分享

Pink和Co两个毕业于辅仁大学织品系的“80后”，曾在上学期间以批发的饰品摆摊，但因缺乏独特性而导致销售不佳。在多次反思后，因花布而一拍即合的两人，决定以手工围巾来重整旗鼓，再次挑战路边摆摊，即便时不时要被警察撵，还要面临同行以机织代替手工的大量仿制，两人依旧以交朋友的心情，投入手作市场中。

“创意虽然辛苦，作品又容易被模仿，但是只要脑袋中有源源不绝的好点子，经常更换新品，再加上身旁有个伙伴支持，找到自己的品牌魅力，开店就不是梦想”，Co这样说。

相较于摆摊时的不稳定，现在位于红楼的店面多了一种优雅的氛围。为了节省成本，Pink和Co在店门口自己组装木质层板、利用剪影布置墙面，搭上折叠式的门板，让原本乏味单调的店面增添了些许日式杂货风格，Co笑着说“我们会不定期地更换布置，让大家有新的感受，是熟客都会寻着PinkCo的招牌来找我们。”正因为如此好客，PinkCo的顾客总能源源不断。

慢慢挑选，你一定能找出最对味的布款。

绝不撞包，布款随你挑

PinkCo最大的特色是店内丰富的布料和版型，肯定能做出独一无二的包款，让你出门有自信绝不撞包。从一般的花布到合成布料，小碎花、图腾、皮革，多达百种的花样、材质任君挑选，若有需求也可拿自己喜欢的布请PinkCo帮忙制作。

曾经有个男孩为了帮女孩庆祝生日，秘密定做了包包，并在角落缝上女孩的名字，佯装无意间带她来店里挑选。Co配合演了这出戏，说既然包包有你的名字就免费送你。女孩非常感动，男孩也非常得意。不只包包独一无二，对待客人的心意更令人倍感贴心。

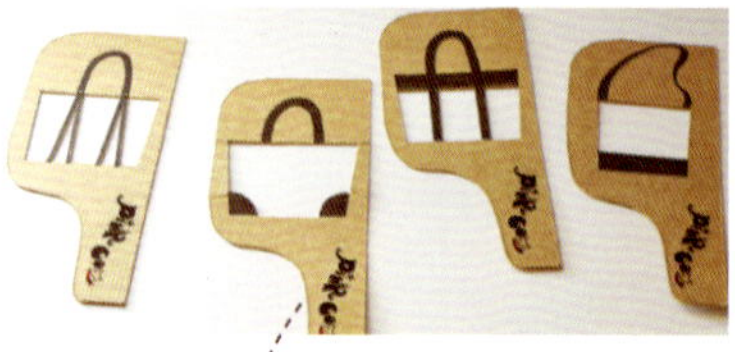

PinkCo用心做了几款常见的包款型板，镂空设计让你能随意搭配布料，预先想象包包完成时的美感。

小碎花布做成化妆包、笔袋，也能显出主人特有的风格。

衣着、生活配件 也能超有特色

除了包包的制作，PinkCo店内也有许多女孩最爱的内搭裤，不同于市面上惯有的花色，每种布的图案都是两人精心挑选的，大胆跳色的搭配、多种花样的组合，绝对让你穿出独特个性。

内搭裙花样多变，一针一线都是作者的心意。

多余的布料也能做成内衣的搭配肩带。

小型布料可做成零钱包，付钱也能有好心情。

花木棉 林翠华

北欧风布作设计家

林翠华

在拼布艺术中钻研多年，不过度追求高难度技巧，反而以简单的手艺创作出效果极佳的拼布作品，表现出一贯轻松惬意的杂货风格。

花木棉拼布艺术

http://www.hmmlife.com.tw

在台湾布作坊中，“花木棉”一直拥有一种与众不同的清新特质，而其中的领导人物正是林翠华老师。这一次，我们要和老师聊聊她的创作想法，以及让她努力至今却依然热情不减的动力又是什么。

示范 / 花木棉　文 / 王盈力　摄影 / 王正毅

我一直都相信只要不懈怠，不断努力做自己喜欢的事情，那种热情和力量一定会带来你所期望的东西。

在台湾的布作坊中，“花木棉”拥有一种格外清新的特质，一如林老师的创作，温暖柔美的色彩中，又带有利落的剪裁美感。“开店这十一年来，每天都是一种摸索，每天都不断学习，因为只要一直走，就永远没有停下脚步的一天。”看起来很温柔的老师，其实是个完美主义者，对自己的创作要求很高的她，总是不断吸取国外最新流行的资讯与技术。“我一直都相信，只要你不懈怠，不断努力做自己喜欢的事情，那种热情和力量一定会带来你所期望的东西。”说着这句话的同时，老师眼中绽放着温柔而坚定的光芒。就是这种半强迫式的完美性格，使得店内员工在她的教导下，也耳濡目染了凡事“快、狠、准”并尽力做好每个细节的工作态度。也许，这就是尽管十一年过去了，“花木棉”在台湾的拼布坊里，仍始终引领潮流，并占有重要地位的原因。

和丹麦的GreenGate布款相遇是很偶然的美丽，它让我对拼布有了新的想法。

一直以来，台湾的布作潮流总是跟着日本市场走，起初老师也和大家一样，看日本市场流行什么就进什么，但渐渐地她发现自己对台湾一味推崇的棉麻风感到不满足，以至于每次面对日本厂商提供的布料，总觉得心底缺少了什么，却又说不出个所以然来。直到两年前，某个机缘下接触了来自丹麦的品牌GreenGate，北欧风格独有的花纹设计与色彩，让老师终于找到心中缺失的那一角。“他们的织品很多设计灵感都是从日常生活和大自然中撷取的，也因此让我对拼布有了新的想法，拼布不应该只是单纯的拼布，而是要和生活有所联系。”就是这样美丽的邂逅，让老师的创作产生了新的火花。“我期待通过GreenGate或挪威Tilda的织品设计，和学生一起分享北欧人面对生活的热情和感动。我想这样碰撞出来的火花，会比永远都只提供单一的选择，更有价值也更有意义。”

“我梦想中的拼布，应该是贴近生活的，我希望学生制作的作品都是可以实际使用在生活中的。”

关于GreenGate

从1991年开始推出一系列生活精品，创办人Mona Christiansen以传统斯堪的那维亚印花图样为基础，将拓印手法结合经典的北欧设计元素，推出一系列线条利落、色彩缤纷的时尚家居用品。短短数年间，不仅广受北欧消费者欢迎，更得到了其他国家和地区的注目，现在世界各国都能看到它的踪迹！

“我希望每个来上课的学生，都能将学到的作品运用在生活当中，而非只是技术展示而已。”因此在老师的布坊里，总是充满各种关于家与生活的美好想象，随处摆放的生活杂货、一字排开的美丽布料、各种漂亮的缎带蕾丝，搭配每天的教学课程，满足各种学生不同的学习需求。“其实，我们真的每天都从早忙到晚！但只要下午三点给我一杯热奶茶和巧克力蛋糕，就可以马上恢复元气了！”虽然谈论工作时充满专业与自信的口吻，但聊到生活琐事时，老师又马上转变成单纯可爱的小女生，这种柔中带刚、单纯而坚定的态度，是老师一路走来始终都未改变的。

虽然是相同款式，但素面布款和花布拼接与织带滚边
呈现出来的却是极为不同的视觉效果，
即使是最基本款的抱枕造型，
也因为北欧特有的柔美布料而展现出甜美典雅的居家气度。

用北欧风时髦花布打造居家生活

北欧设计的布款，即使很简单的一款，也能立刻呈现明快简洁的味道。不管是几何图样的植物造型还是有花朵的主题设计，北欧风织品非常擅长将大自然的各种美丽形状，打造成充满着强烈存在感的印花图腾，特别是北欧织品独有的温暖柔和色调，即使只是单块布铺在桌上或悬挂在墙上，都能为居家空间营造出温馨时髦的魅力风情。

01 素色抱枕

浅浅的灰色点点布，不添加多余装饰，单纯表现布料，让这款抱枕看起来简单大气，
利落的配色更是空间里最耐搭的实用单品。

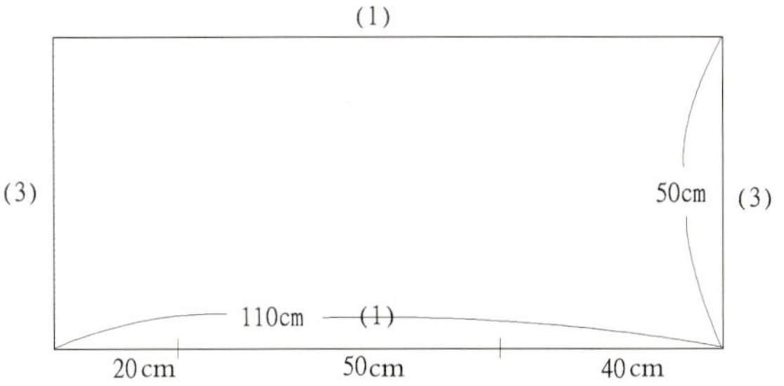

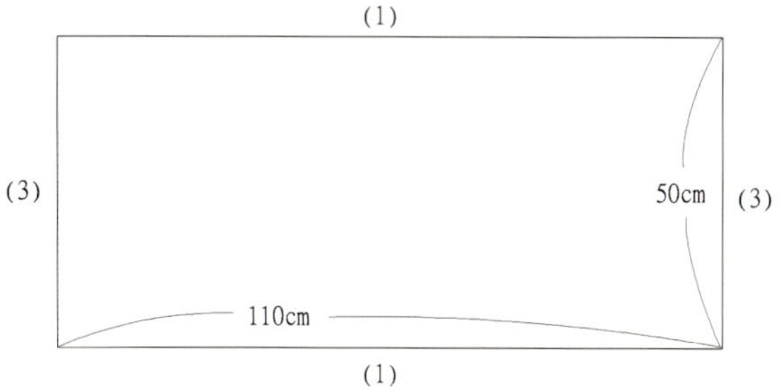

Step by step

材料（请参考手绘尺寸标示图）
布料66cm、枕芯1个

1 短边往内折3cm烫出缝份线。

2 车缝装饰线2.5cm。

3 先反折大边40cm，再反折小边20cm。

4 车缝两侧。

5 由开口翻回正面即完成。

02 拼接抱枕

北欧风格的花布虽然美丽，但若搭配不当反而看不出花布特色之处。老师在蓝色布上多拼接了一条红色饰带，再搭配绿色花布，视觉上就会有平衡效果，简单配色反而更能表现颜色的丰富度。

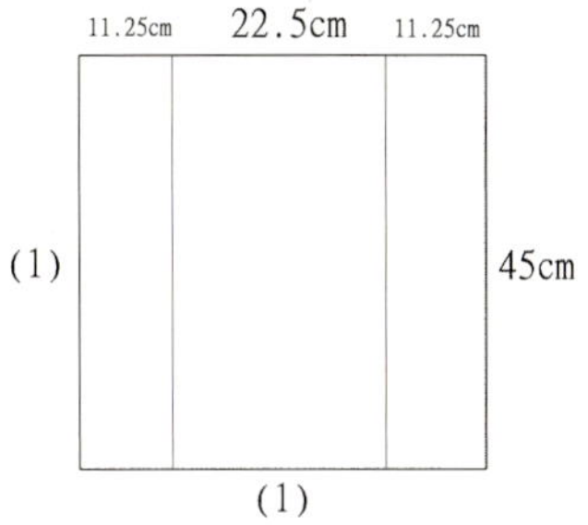

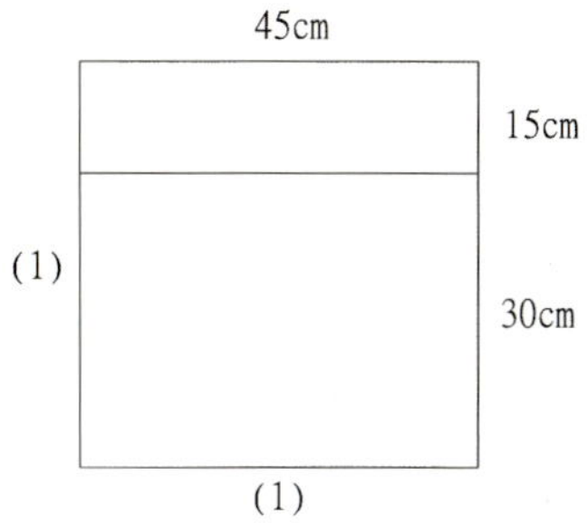

材料（请参考手绘尺寸标示图）

花布2块、枕芯1个、40cm拉链1条、装饰缎带

Step by step

1 分别拷克两块花布。

2 拼接成抱枕正面。

3 在相接处车缝上喜爱的装饰缎带。

4 分别拷克两块后背布的布边，并烫出3cm缝份线。

5 拉链与小块后背布先车缝。

6 再车缝上大块的后背布。

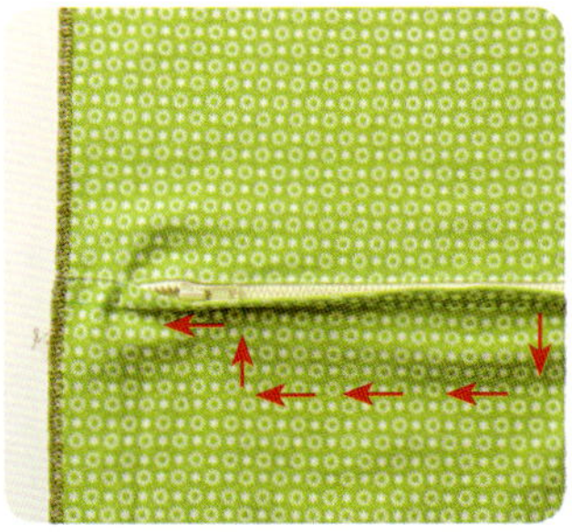

7 请依图示的方向车缝。

8 拉链内侧示意图。

9 抱枕表布与后背布正面相对车缝四边（拉链记得要先拉开），再由拉链开口翻回正面即可。

03 圆形抱枕

相较于前两款简单时髦的抱枕，这款古典风格的抱枕献给喜欢华丽风的你。
颜色上老师特地选用浪漫的紫色与粉色，搭配古典味的花朵饰片，充分展现优雅甜美的布作风格。

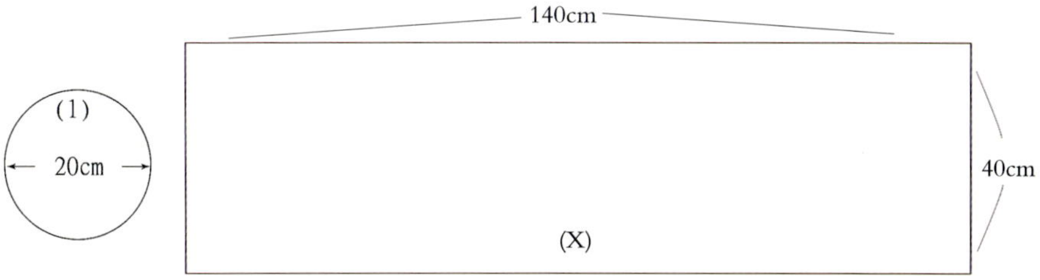

材料（请参考手绘尺寸标示图）
白色布和花布各1块、刺绣贴布1片、铺棉1片、拉绳约1.3m

Step by step

1 圆形表布加铺棉后缝上刺绣贴布。

2 与后背布喷胶固定，周围疏缝0.5cm。

3 抱枕侧边使用拷克机拷克。

4 车缝短边，顶端4cm不车缝。

5 开口边的缝份往内折2cm。

6 于正面车缝1.5cm装饰线。

7 于另一侧缝份车缝大针距（分别车缝于0.5cm与0.7cm处）。

8 抽皱至62.8cm。

9 表布与抽皱完成的侧边车缝。

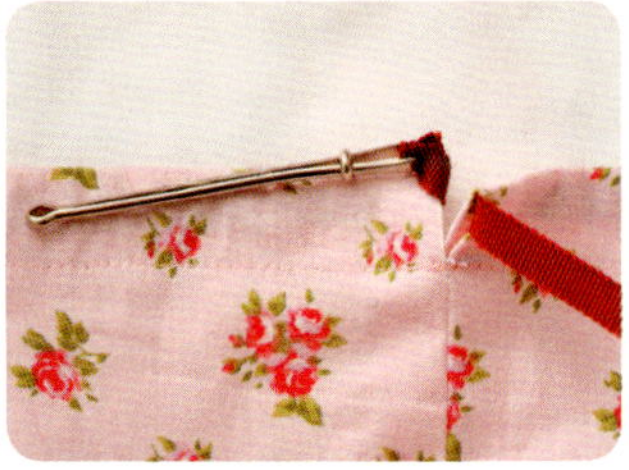

10 穿入拉绳。

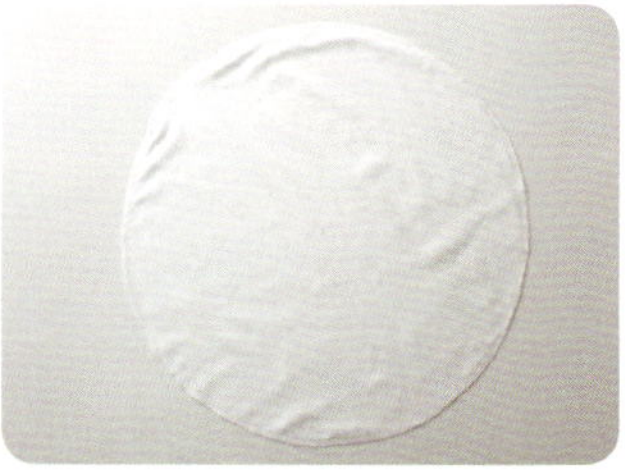

11 圆形枕芯车缝一圈，留返口塞入棉花。

12 塞入枕芯，绑紧拉绳即可。

超人气素材精选
亮丽迷人的防水布

示范／叶慈慧　文／王韵铃　摄影／陈家伟

防水布的迷人之处，除了好看实用外，还多了可以亲手制作个性化作品的乐趣，满足从头到尾的手作成就感，你一定要试试看。

叶慈慧

在拼布世界中自在玩耍，叶老师纯熟的手艺下，其实藏着更多细腻的玩心；正因拥有扎实的功夫与不受限的想法，才能不断创造出高人气的布作设计。著有《我的缝纫机笔记》。

http://blog.xuite.net/cottonhouse
http://www.wretch.cc/blog/seweasy

来做自己的防水布

市面上的防水布来自不同国家、不同品牌，花样款式众多，但你是不是仍旧找不到最中意的布色？快来试试简单的烫膜技巧，就可以成为自己的布料设计师。布色选择不受限，布作生活也就更多彩多姿。

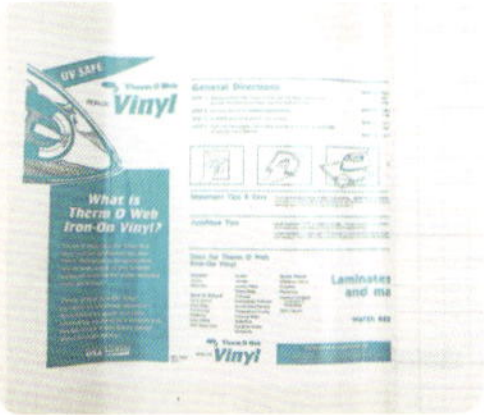

1 防水膜分成雾面和亮面两种，做法相同，选择自己喜欢的效果即可。

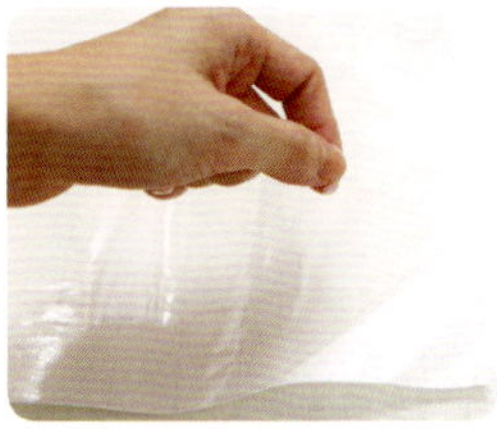

2 剪取需要的大小，将防水膜撕开。

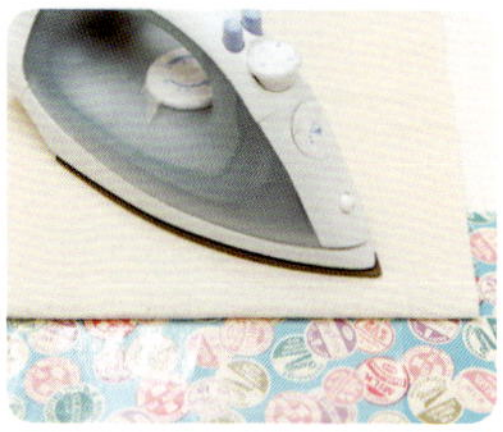

3 防水膜盖在布料上，隔布熨烫。

4 烫整后不要马上移动，避免防水布变皱，待温度降低即完成。

防水布怎么用、怎么做最漂亮？

防水布虽然可以和一般布料一样使用，但仍然有些特性上的限制和制作诀窍，想把防水布做得漂亮，这些小技巧你一定要学会！

Q 1.防水布车缝时布料常会粘在压布脚上，该怎么解决？

A 防水布因表面为塑料薄膜，遇到金属材质的压布脚容易卡住，无法顺利车缝，这时就得用上送布压布脚和润滑笔，能改善令人烦恼的粘连问题。

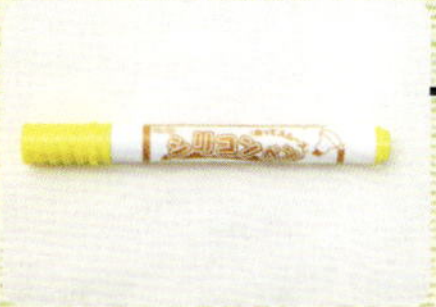

用润滑笔涂在压布脚和防水布接触的表面，滑顺又不留痕迹。

+

送布压布脚的塑胶锯齿，可以减少压布脚和防水布紧贴的面积，车缝变得超顺手。

Q 2.防水布作品的里布该如何选用？

A 一般来说，不同产地的防水布有厚薄度之分，例如英国的防水布较厚较硬挺，丹麦防水布较薄较柔软，里布的搭配则以厚表布搭配薄里布、薄表布搭配厚里布为基本原则。

Q 3.照着一般缝纫的顺序车缝防水布，为什么都会皱皱的，哪里出错了呢？

A 以车缝口袋为例，一般车法是一鼓作气将三边缝起，但遇上防水布时，这样的做法容易造成两边布料不均匀。因此建议的车缝顺序为两端分别由上至下车缝，再将下端缝合，就可解决布料不均匀的问题。

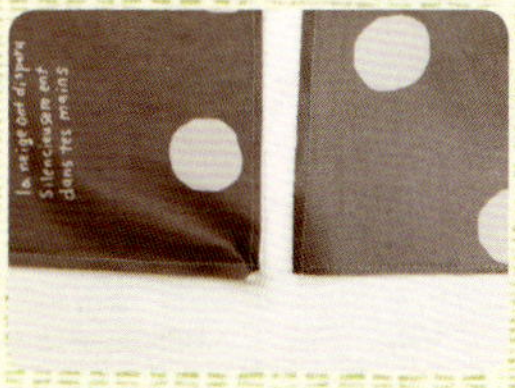

左边为一般顺序车缝法，右边为防水布顺序车缝法。平整度大为不同！

Q 4.自己烫膜的防水布，为什么特别容易起皱？

A 自制防水布时，温度的掌控和布料选择都可能影响作品效果，好用度比不上现成专业的防水布，但是自制防水布却可以让布料选择更多元，因此建议自制的防水布尽量用在制作简单、不需翻转的作品上。另外，放慢车缝速度和调大针距也能有效改善车缝状况。

可可色防水外出包

看惯了鲜艳缤纷的防水包，步入冬季，防水包一样能做出属于冬天的味道，巧克力色、皮革提把和点点布的搭配，是沉稳又不失活泼气息的绝佳组合。

材料（用布尺寸参见附录纸型）

雾面防水表布、棉麻里布、仿皮革布、内衬、皮革提手、拉链、鸡眼扣

Step by step

1 侧身口袋表布和里布缝合。

2 仿皮革布正面对正面沿边车缝。

3 仿皮革布翻至正面压线。

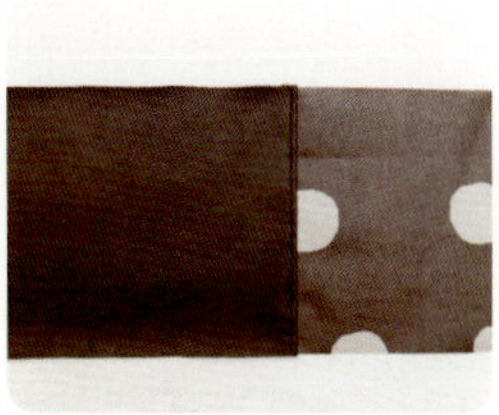

4 包底和两侧边缝合并压线。

5 将口袋缝上侧边布，侧身口袋即完成。

6 用夹子将包底、侧边和包身固定，准备缝合。

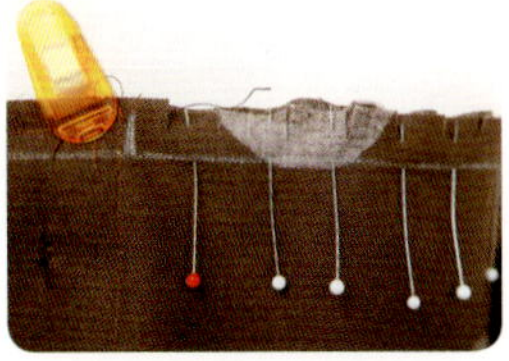

7 注意转弯弧度处需剪牙口。

8 缝合后翻至正面压线，表袋完成。

9 里布包身处做一个一字形口袋。

10 缝上拉链。

11 口袋布折上来，三边车缝。

12 正面完成。

13 里布另一边包身的口袋布，用仿皮革布包边。

14 将口袋布车缝上里布包身，并车缝出三个收纳口袋。

15 里袋完成，留下下端返口。

16 表袋、里袋正面对正面套入，车边缝合。

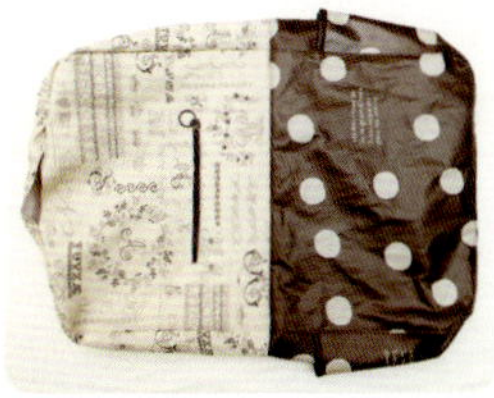

17 翻回正面。

18 将返口缝合。

19 包口压线一圈。

20 选择喜欢的提把，将包口打上鸡眼扣。

如何打鸡眼扣?

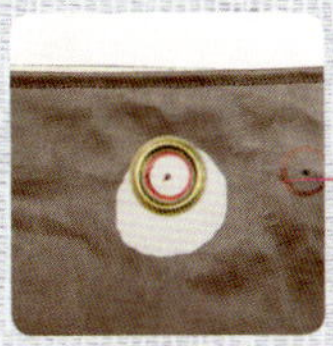

画记号
用鸡眼扣套片，画出圆圈记号。

打洞
取铁锤用打孔器将圆圈去掉。

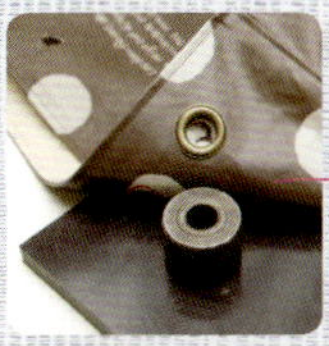

鸡眼扣+下模座
将鸡眼扣由外向内套入布的圆圈中，并置于下模座上。

鸡眼扣套片
套片凸面朝外，套上鸡眼扣。

上模铆合
用上模将鸡眼扣和套片铆合。

完成!

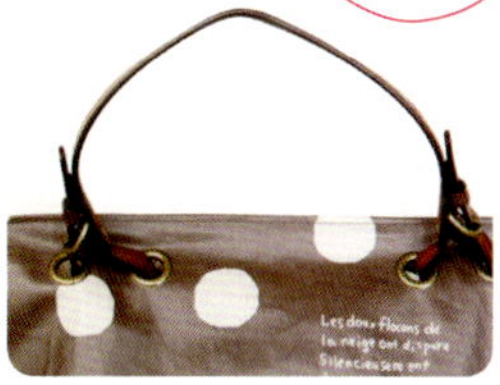

21 装上提手。

专题策划

冬天适用**布料**

冬日保暖三件套

舒适度百分百的**迷你盖毯**

用**皮革改造**秋冬布艺小物

英式乡村温暖小物

秋色**旅行包**&**盥洗袋**

当羊毛毡遇上布料

俏皮布娃温暖带着走

小さな写真集「ピアニスト」 原田奈々
部屋に写真を飾ろう 長谷美果
03 Love Camera

Q&A

技巧解析

冬天适用布料

本期的小课堂，要由专业拼布老师为大家上一堂冬季布料的讲解课，包括常用布料特性以及制作时需要注意的事项，想要听课的同学请赶快就座吧！

示范／张慧铃　文／王盈力　摄影／王正毅

张慧铃

研习拼布技艺多年，在广浩的布作世界里找到人生的另一片天，作品风格多元、技巧严谨，拥有一间让你走进去就买不完的拼布杂货店。

买布玩　02-2282-8390

http://blog.xuite.net/quilt1004tw/quilt

Q1 冬天常用布料有哪些?

1 毛料

它比不织布密、厚，多掺有一定比例的羊毛成分，羊毛成分越高越暖和。注意不可水洗，以免布料缩水变形，还有裁剪时缝份必须留到1.5cm。

2 压纹布料

冬天经常使用这种立体织线的压纹布料，尤其是在制作学院风或是英国风的作品时更常用到。相较于一般平面感的布料，立体的织纹设计能让完成的作品视觉上更有层次感。

3 先染布

先染布是先把要织成布的棉线染好颜色再制成布匹，先染布虽然织法和毛料相比较疏，但厚度足、布性稳定，做出来的作品不易褪色和变形，因此价格也比一般棉布贵。

4 羊毛不织布

不织布分含羊毛成分和化纤成分两种，含羊毛成分越高者价格也越高。一般最常买到的厚度都是0.1cm或0.2cm，优点是可以直接拿来裁成想要的图案也不会须边。

5 棉麻布

棉麻布是不分季节、一年四季使用率都极高的人气布款，冬天，可选择较有季节感的布料配色，如黄、褐、灰、黑、深蓝、酒红等偏暗的色系。

6 棉纱

棉纱的触感是这六款布料中最细致的，但因为垂坠度高、较易变形，若是拿来做提袋就一定要烫衬，裁剪时缝份也必须留到1.5cm。

Q2 烫衬和铺棉有什么不同?

烫衬

烫衬只是增加布料的挺度，但厚度不变，例如布料太软或易皱，就可以加衬。或是制作较为硬挺的包型时，烫衬也可以增加包包的立体感。

铺棉

冬天常常为了增加作品的厚度及保暖度，会在内里夹一层铺棉，铺棉可以增加作品的厚度，一般制作时还会加上压线，做出布料表面膨膨的立体感。

Q3 如何搭出适合冬天的配色？

1 暗色系搭配

从灰色和黑色延伸出来的颜色统称为暗色系。即使是暗色系，在搭配时还是要注意层次和明暗，完成的作品才不会灰蒙蒙一片。以冬天而言，这款色系是最安全、不会出错的搭配。

2 暖色系搭配

橘红色、红色、粉红色、绿加黄色，这些颜色都有让人觉得温暖膨胀的视觉感受，特别是在灰暗的冬天，选用色度和明度较高的布料制作作品，视觉上会比冷色系更容易引起注意。

3 冷色系搭配

谁说冬天就不能使用清爽的蓝色，相对于夏天清爽的蓝，冬天在选择冷色系搭配时，可以选用如蓝绿色、靛色、蓝紫色这些较重的颜色，视觉上就不会显得轻飘飘。

4 大地色搭配

大地色系是大自然常会出现的颜色，例如咖啡色、黄色等，搭配时可利用颜色本身的深浅交错，例如深咖啡色配金黄色或驼色，浅咖啡色配乳黄色或白色，都可以呈现出温暖的质感。

5 对比色搭配

老师说搭配布料时最重要的技巧，就是掌握主色、点缀色、辅助色的用法，先选出一块最想要表现的布料，再选出一个和它成明显对比的，但这两者若直接搭配在一起会显得很不协调，此时就要在这两块布的颜色中间再取一个中间色作为平衡。

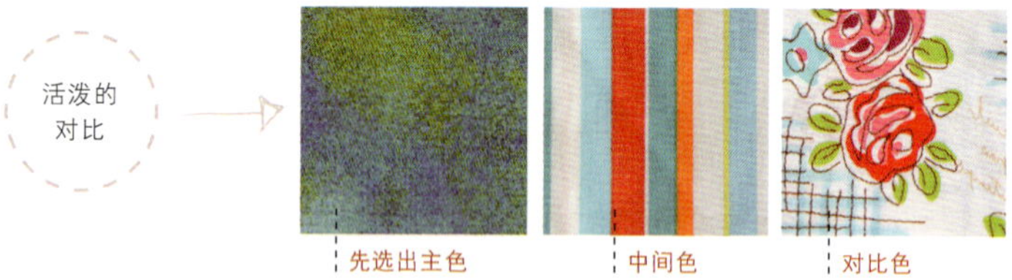

Q4 冬天常使用格子布，但不知该如何对齐？

裁剪正格时

裁剪前先把布料摊开，取布料中心点往两边延伸，即可裁出漂亮又整齐的格子布。

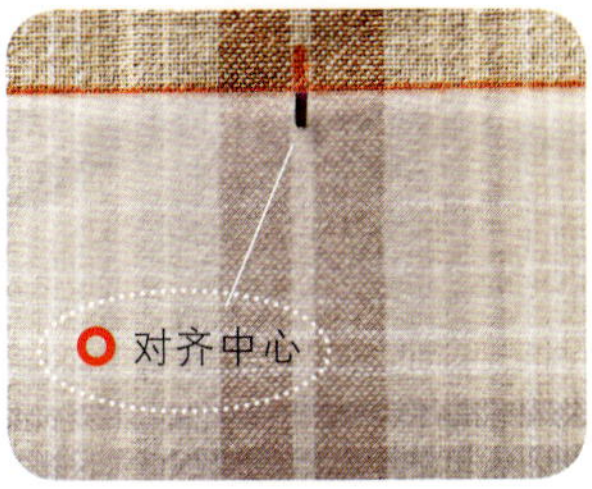

裁剪斜格时

若作品需要的格子布样是斜布纹时，请用45°角的专用尺，才会量出角度最精确的斜格，单用眼睛目测还是容易有误差。

Q5 手缝压线和机缝压线有何不同？

冬天的作品常用到压线这个技巧，一般使用机缝压线针距密，所以线条比较工整，反之手缝压线在视觉上比较活泼，要看作品的需求是什么。

机缝压线 →

手缝压线 →

Q6 消失笔画在毛料上都看不见该怎么办？

毛料布因为颜色和织法的关系，使用一般的消失笔容易看不清楚而导致裁剪错误，老师建议在裁剪毛料布时，选用粉土或色铅笔画在布料背面，即可解决这个困扰。

Q7 如何看横布纹？

裁剪布料时最重要的就是要看懂布纹走向。以印花布举例，线条边的圈圈代表这块布是用几色印刷的。若以布匹来说，无限裁剪的这边属于布长，就是直布纹，而布匹幅宽则是横布纹，横布纹有弹性，因此在制作包包时不能使用横布纹当宽，这样包包容易变形。

从头到脚的御寒小物

冬日保暖三件套

每到冬天遇到寒流总是包得像粽子，一点美感都没有。利用厚布料加点巧思，在围巾、手套和鞋子里放入暖暖包，就可以在美美的打扮下温暖身心，度过漂亮的寒冬。

作品设计、步骤文／叶嘉倩 文／张雅雯 摄影／王正毅

台湾喜佳 叶嘉倩

喜佳资深专任老师，有十多年教学经验，目前服务于台中中友百货喜佳专柜，擅长缝纫手作。

材料

表布2m、配色布2m、里布2m、素麻布1m、铺棉1m、洋裁衬1m、蕾丝4种花样、包扣8颗、松紧带1包、毛球2个、木扣2颗、水兵带1条

idea 1 抵御寒流暖**手套**

一层、两层、三层……多层次的铺棉手套，是抵御寒冷的必备配件，真的太冷还可在手套里藏一个暖暖包，让双手一直热乎乎的。

裁布尺寸（版型请参考附录纸型）

表布粗裁：24cm×30cm 4片（正斜布）

里布素麻布：依纸型裁剪 4片

素麻布内袋：依纸型裁剪 2片

配色布：6.5cm×14.5cm 4片

Step by step

1 先将表布24cm×30cm 4片加铺棉及洋裁衬，共三层压线（可依个人喜好决定压线形式）。

2 依纸型裁剪，正反各2片。

3 在左右手的上片车上蕾丝装饰。

4 车缝配色布与素麻布，缝份倒向配色布，压0.2cm装饰线。

5 车缝内袋袋口处，先烫1cm、再烫1cm，车缝0.7cm装饰线，再与左右手上片的里布，车缝0.5cm固定。

6 将表袋口处的铺棉修剪至0.2cm。

7 将上下片正面相对车缝一圈，里布留一返口，四周剪牙口。

8 从返口翻至正面，返口藏针缝缝合。

9 配色布反折至正面，两侧手缝固定，即可完成。

idea 2 双面拼花暖围巾

宽度稍大的设计不仅可当围巾使用，左右还可缝上很多扣子，扣起固定变成袖子，让爱美女孩不仅可以披着围巾保暖，做起事来也很方便。

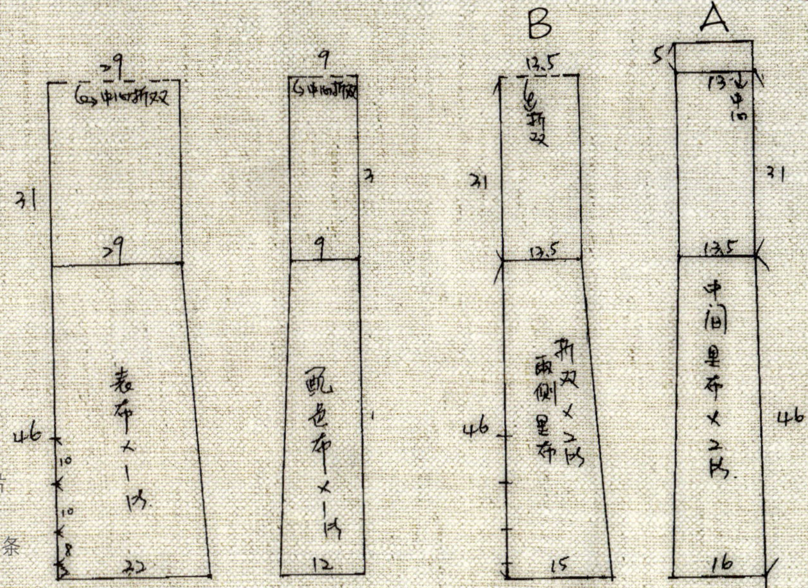

裁布尺寸

表布：依图形裁剪 1片
配色布：依图形裁剪 1片
包扣用布：直径3.5cm 8片
里布：依图形裁剪A 2片、B 2片
内袋布：14cm×30cm 1片
松紧带吊耳：5cm 8条，8cm 2条

※以上图形含缝份，单位：cm

Step by step

前片制作

1 车缝表布与配色布成一个面，再将水兵带车缝于接缝处装饰。

2 表布的长边与短边车上蕾丝。

3 固定松紧带吊耳。

后片制作

1 将裁片A的中心先烫1cm、再烫1cm，车缝0.7cm装饰线，中心重叠5cm。

2 再与内袋布车缝缝份0.5cm固定，左右各车缝14cm固定。

3 将里布B＋A＋B车缝成一个面（其中一边须留返口），缝份倒向两侧烫。

前后片组合

1 将前片与后片正面相对车缝一圈，四角剪牙口后，从返口翻回正面整烫。

2 将8颗包扣缝于配色布上。

3 返口手缝，完成。

idea 3

可爱毛球**室内鞋**

除了手以外，别忘了脚也要保暖，穿上厚实温暖的室内鞋，就不用担心冬天地板总是冷冰冰的了。

裁布尺寸（版型请参考附录纸型）

配色布：中间粗裁 10cm×15cm　2片
两侧粗裁 9.5cm×25cm　4片
鞋底配色布依纸型裁剪　2片
素麻布：鞋底粗裁32cm×30cm　1片
鞋底依纸型裁剪　2片
鞋面依纸型裁剪　2片
内袋布：依纸型裁剪　4片
松紧带吊耳：10cm　2条

Step by step

1 中间配色布，从中心左右0.7cm处画线，1.5cm处再画线，共4条线。

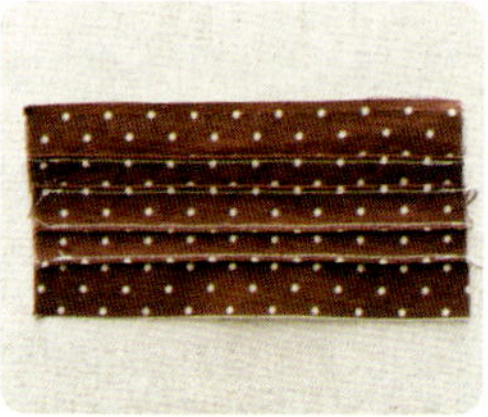

2 将4条线车上0.2cm的装饰线，再倒向两侧烫平。

3 车缝中间配色布与两侧配色布，缝份倒向两侧。

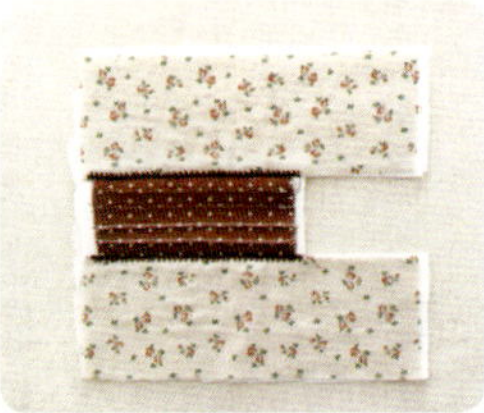

4 拼接好的鞋面加铺棉加洋裁衬喷胶固定，剪接处放上蕾丝压线。

5 将压好线的鞋面依纸型修剪。

6 取两片内袋布，中心固定松紧带吊耳后，再与另两片正面相对，袋口处车缝一道，翻正面压装饰线0.5cm。

7 再将表布鞋面、素麻布鞋面与内袋布固定0.5cm一圈，要做好对合记号。

8 素麻布粗裁32cm×30cm，加两层铺棉及洋裁衬压线（压直线1.5cm宽）。

9 修剪成两片，要做对合记号。

10 鞋底配色布直线处先烫1cm、再烫1cm，车缝0.7cm装饰线，要做对合记号。

11 车缝固定鞋底配色布与鞋面表布，按相应的记号对好。

12 再将车缝好的步骤11与有铺棉的鞋底固定一圈。

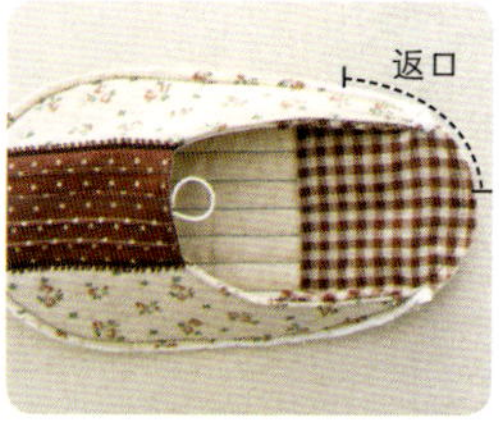

13 将素麻布鞋底与步骤12正面相对，留返口，修剪缝份铺棉，剪牙口，从返口翻至正面，再缝上毛球即完成。

小木屋经典图形

舒适度百分百的**迷你盖毯**

小木屋是款经典的拼布图形，看似复杂，
其实只要抓住制作诀窍，也能做得很漂亮。
就让我们跟着老师的示范，按部就班，
做出小木屋图形拼接的温暖盖毯吧。

示范／吴惠玲　整理撰文／Rong　摄影／王正毅　作品指导／李淑贞老师
作品提供／陈韵如（抱枕）、黄若娴（铅笔袋）

A

B

C

Cinderella quilt family
李淑贞老师

集插花、拼布、缎带刺绣等好手艺于一身的超人老师，经营Cinderella quilt family 拼布家族和缎带刺绣教室，对手作、美和艺术有着坚韧的执著，呈现在作品上更是趋向完美的优雅配色与细致柔和，著有《Yo-Yo Crafts》、《极致缎带绣》。

博客：http://tw.myblog.yahoo.com/cinderellaquilt-cinderellaquilt/
电话：0936-191220

A

小木屋制作要点

– 经典图案不败要诀 –

小木屋的有趣之处，在于使用双色使其呈现深浅对比的色彩效果，单片的图形，与多片拼接的视觉效果完全不同；不仅能依个人喜好及需要变化尺寸及等份，还可以变化出不同功能的作品，这就是其魅力所在。

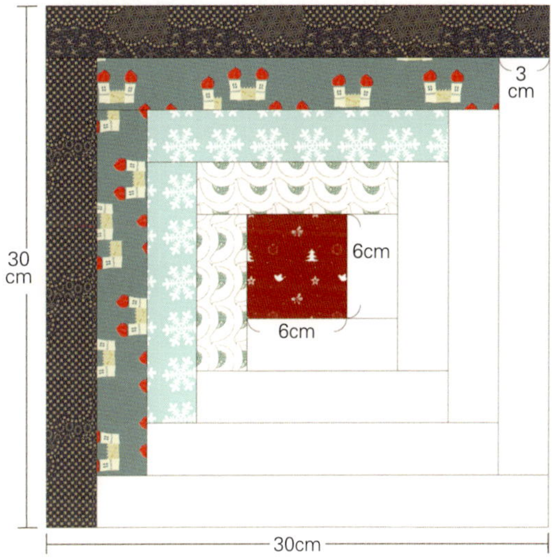

小木屋制作图

单片小木屋

本作品每一单片完成尺寸为30cm×30cm，分为10等份制图，读者可依自己喜好或需求，改变尺寸或等份，但接缝顺序完全一样。

Point!!

1.一般传统的做法，是画出X字的图形，于其上制作，缺点是没有参考线可对齐，制作时容易变形；若多花点工夫，以方格的方式制图，画出参考线，就能将小木屋图形做得既精准又平整漂亮。

2.制作单片小木屋图形时，若对配色没有信心，可以先取不同布条搭配看看，再决定最后制作的布料。

小木屋盖毯配置图

温暖盖毯这样做

这是利用基本的小木屋图形拼接出来的盖毯，由六片小木屋图形组成的迷你盖毯，使用红、蓝的对比色彩，由排列组合呈现出斜线的视觉效果，活泼又温暖。

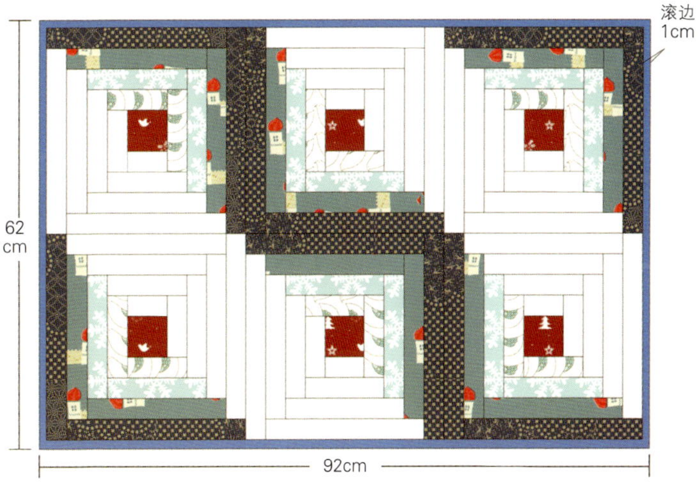

按部就班，**小木屋就这么简单**

– 经典图案Step by step –

材料

拼接用布条：红色系 5cm×55cm　5色

蓝色系：5cm×55cm　5色

中心红色：8cm×8cm　1片

滚边用布条：4cm×380cm

后背布：1m

铺棉：1m

布衬：1m

Ⓑ-1
单片拼接

Step by step

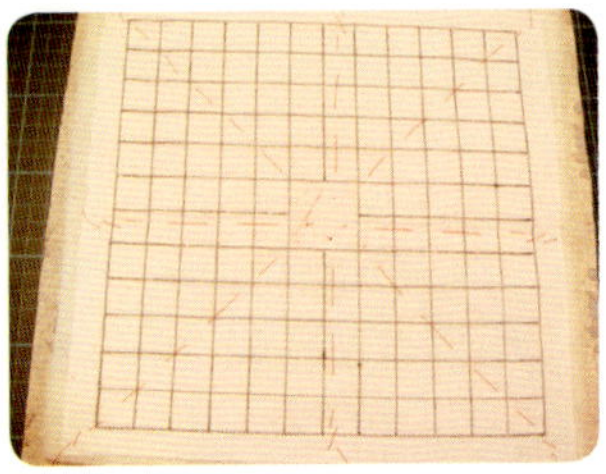

1　在布衬上制图，本示范作品是分成12等份；把布衬+铺棉+后背布依序叠放，米字疏缝固定。

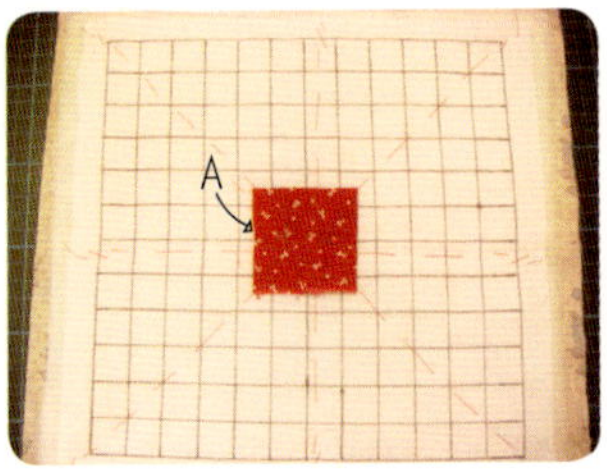

2　首先放上中心布A，用珠针固定。

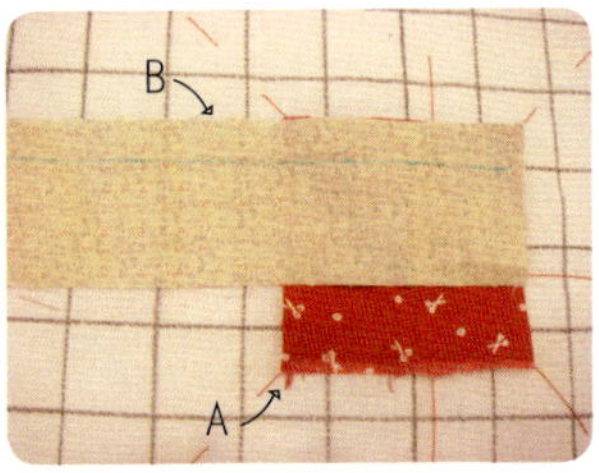

3　将布B背面朝上，放在布A上，画出1cm的缝份记号线。

4　将布B剪成与布A一样的长度，并对准两旁的引导线，开始缝合。缝合时必须和布衬+铺棉+后背布三层一次缝到底。

5　将布B翻至正面。

6　将布顺时针转90度，叠放与A+B等宽的布条C。

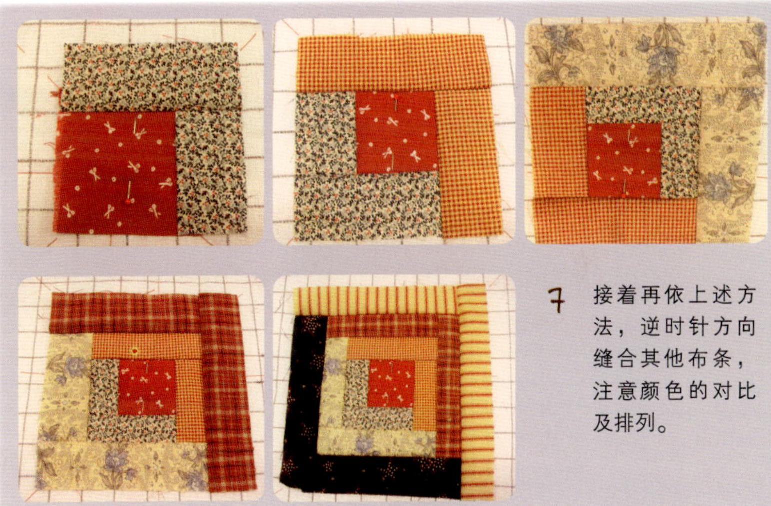

7　接着再依上述方法，逆时针方向缝合其他布条，注意颜色的对比及排列。

8　在最外围的四个角落，只要布条与布条之间平针缝合，不要缝到后背布，便于拼接时使用。

完成!

9　拼接完成的单片小木屋图形。

B-2
多片拼接

Step by step

1 沿着布衬上的实际完成线，把多余的布衬及铺棉剪掉。注意后背布要预留1cm不剪。

2 在最外围的布条背后画出1cm缝份记号。

3 先以珠针固定要拼接的布片，再进行布片的缝合。

4 布片接好之后，进行铺棉的对接。

5 接着先以珠针固定，再进行后背布的接合。

6 接合后正面的样子。

7 重复上述布片与布片的接合方法，如第37页小木屋盖毯配置图排列，将布片接成横3片竖2片的盖毯，再加上滚边即完成温暖小盖毯。

finish!

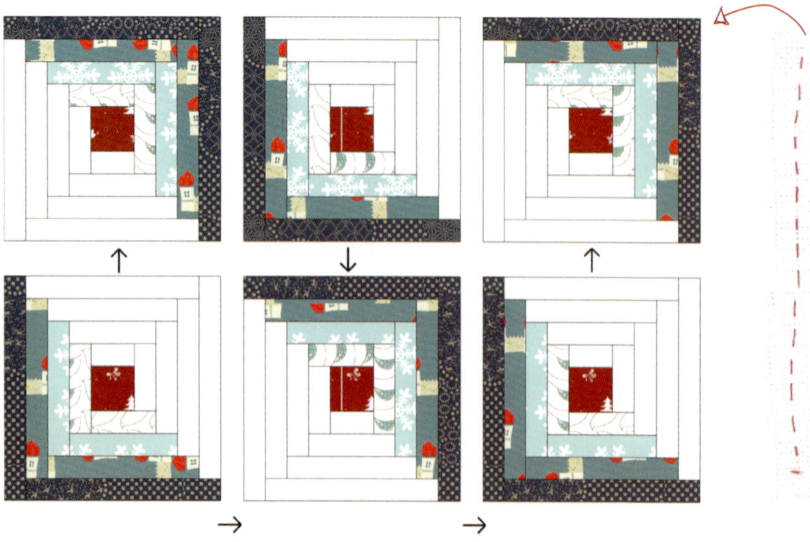

Point!!

1.先上、下片接缝，缝份依箭头指示错开倒向。

2.之后再左、右横向接缝，缝份倒向同一边即可。

如此接法，即可完成漂亮的作品。

C

这样做也很漂亮

－ 经典图案应用变化 －

利用单片或多片小木屋图形，还可以变化出各种好玩又实用的作品，只要稍微改变一下搭配，就能呈现多种不同的风格，满足手作族的变化乐趣。

变化1

精致笔袋

由一片小木屋图形加上拉链变化而成，外形活泼又富变化，丰富中又见细腻巧思，令人爱不释手。

变化2

舒适抱枕

和盖毯同样花色和搭配，或只挑选同色系布料做成，都可以和盖毯相映成趣，成为冬季最受欢迎的居家良伴。

39元商品大变身

用皮革改造秋冬布艺小物

手艺材料店可找到整包的零碎皮革，大大的一包里不但有好多种颜色花纹的皮革，价格比起整块皮革也显得非常便宜，现在就和大家分享一下如何应用这些零碎皮革，将平凡的布艺小物改造成充满个人风格的可爱杂货。

示范／陈怡珊　文／王盈力　摄影／王正毅

陈怡珊

脑袋里有一个装满童话又天马行空的小世界，在亲手构筑的小店里，手拿着针线、剪刀，缝制给自己也给别人的手感幸福。

blah blah blah

http://blog.roodo.com/blah3/

大皮扣随身侧背包

抽屉里摆了好多的束口袋都不知道如何用，灵机一动，不如把它加长绳子变成随身的斜背小包吧。改造时特意保留束口袋的束绳，做出不同素材拼接的视觉感，袋角设计增添了包包的时尚感，无论是携带出门还是挂在墙面作为装饰，效果都很出众呢！

大皮扣搭配鲜艳的黄色缝线，显得蓝色包包更美观了，对比色的设计能让视觉效果更耀眼。

材料

2cm宽的长形皮革1条、原色皮革1片（扣子用）、剪刀、缝线、保丽龙胶

Step by step

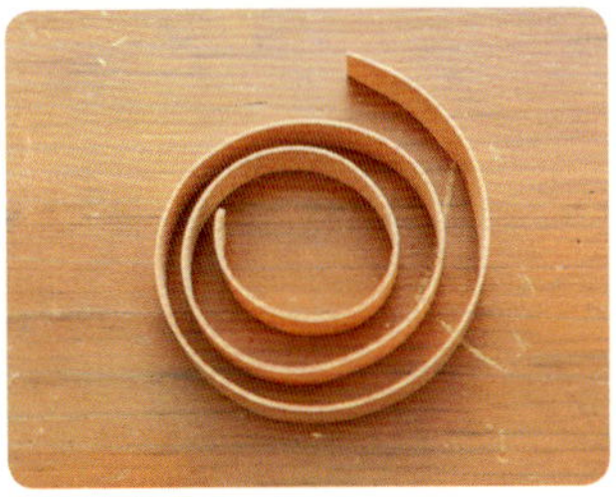

1 依自己习惯的斜背长度，剪出合适长度的皮革背袋。测量时要记得把束口袋的束绳长度算进去。

2 取铁锤和圆斩，在背袋两端各敲出小洞备用。

3 用剪刀将背袋边缘修出圆滑曲线。若剪完边缘过利，可以用砂纸打磨。

4 将束口袋两端的束绳穿入皮革背袋，并打结固定。

5 剪下两块长方形皮革，准备做袋角装饰。

6 取锥子在需要缝合的连接处钻出一排小洞。

7 如图示将小皮块缝合在两端袋角。

8 剪下两片圆形皮革做装饰纽扣。

9 取铁锤和圆斩，如图示敲出四个小洞，然后以保丽龙胶黏合固定。

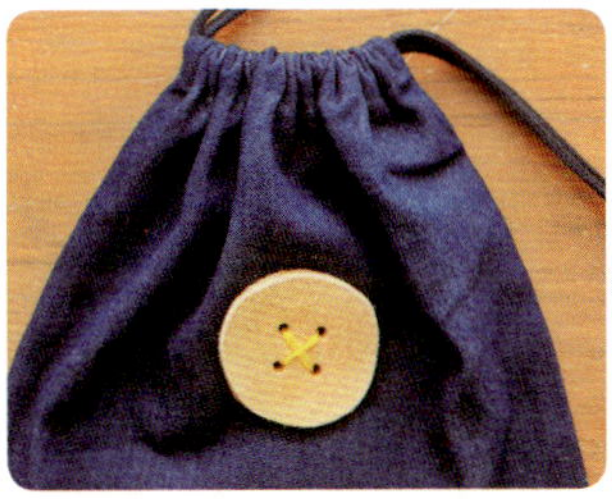

10 取针线将皮扣缝在包包正中央，完成。

Point!!

若没有皮革专用线，将手缝线增为四股线即可取代皮革专用线。

变化#2

两三下就能缝好的**杯垫零钱袋**

想象不到杯垫也能变成这么可爱的零钱袋吧！最好挑选有漂亮花边的杯垫，整齐的格子线条还能省去画线的时间，牛皮扣子故意剪得歪歪的才可爱，真的只有5个步骤而已，就算手缝也是一下子就完成了！

材料
方形杯垫2片、原色皮革适量、剪刀、缝线

Step by step

1 将两片杯垫重叠，上面不缝，取针线沿着格子线缝三边一圈。

2 依杯垫尺寸剪下一块皮革做盖子，取锥子在需要连接的缝线处钻出一排小洞。

3 将皮革与包包上端后片的布料缝合固定，皮革有正反面，缝合时要注意。

4 取皮革剪一个小圆做扣子，并缝在包包前片由底往上约1/3处。

5 以皮扣直径作为基准，用剪刀在皮盖中心点剪扣眼，扣上皮扣，零钱袋完成啦！

戴着蝴蝶结的**隔热手套**

叮叮当，叮叮当，圣诞节快要到了，隔热手套当然也要换新装！用各种色彩鲜艳的零碎皮革，就能完成如此充满节日气氛的装饰，可以自由搭配蝴蝶结的颜色，而且比起单个蝴蝶结，双色搭配是不是可爱多了呢！

材料

隔热手套1副、各色皮革适量、剪刀、缝线

变化#3

Step by step

1 准备四五种不同颜色的皮革料。

2 将蝴蝶结状的纸板放在皮革上，取锥子沿纸板边轻划皮革再剪下。

3 重复步骤2剪出不同颜色的蝴蝶结，可有大有小，这样重叠缝合才有层次。

4 将两个蝴蝶结相叠，取锥子在中心点钻洞，缝合固定在手套上。

5 重复步骤4将蝴蝶结双双缝合固定，排列方式可随意变化。

简单拼布做配件

英式乡村温暖小物

大家对于拼布的印象也许还存着好麻烦、好复杂的想法，这次教你用绝对简易的拼布法，做出浓浓英式乡村风的帽子、围巾和暖手套，为自己准备一套冬天最实用好搭的手作配件吧。

示范／刘文惠　文／王韵铃　摄影／陈家伟

刘文惠

文惠老师有一双化平凡为精彩的手，作品中处处可见令人惊叹的创意巧思。

手易工坊

http://www.wretch.cc/blog/seweasy

idea 01

拼布围巾

用简单的拼布将暖暖的格子布、点点布摆出自己想要的样子，围巾的长度和宽度都可以自由调整，制作的同时随手加入各种巧思，以拷克机车边，随性中又带点个性，一种做法即可延伸出无限可能。

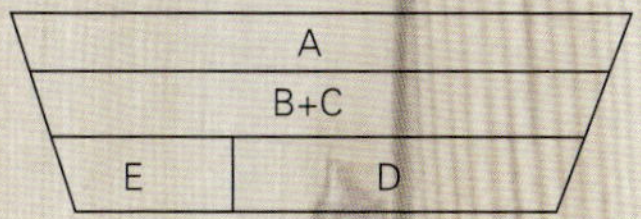

材料

点点布A：6.5cm×210cm
格子条纹布B、C共：210cm×10cm
乡村风格纹布D：134cm×19cm
咖啡色素面布E：73cm×19cm
蕾丝15cm、皮绳20cm

Step by step

1 第一层，点点布正面相对车缝。

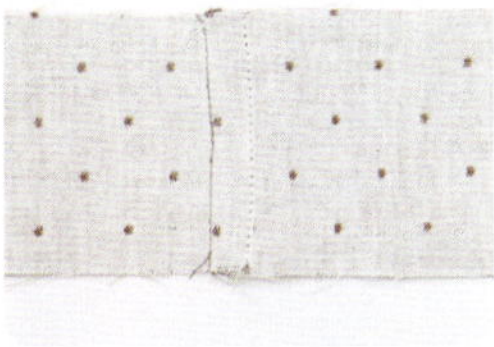

2 翻回正面压线。

3 先将各层布料连接成长条状，再层层相接。

4 将三层布以拷克机相接，注意各层的连接处要错开，避免过厚。

5 两侧长短不一，可随意切成斜边，较有变化感。

6 将皮绳一进一出地穿入蕾丝内。

7 蕾丝皮绳以手缝方式，缝在咖啡色素布上，增添变化。

8 围巾的另一侧，以毛球点缀，即完成。

idea 02 拼布帽子

即使是冬天，走在寒冷街头，戴着自己亲手做的帽子，享受独一无二的手作生活，就是一种温暖幸福，送给亲爱的家人、朋友，也让人感受到满满心意哦。

材料

（版型请参考附录纸型）
选择不同的拼布配色，
帽身　8片，帽檐　2片。

Step by step

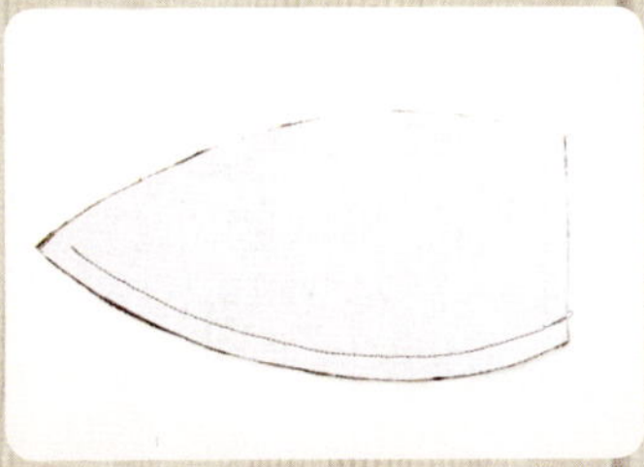

1　取帽身表布两片，正面相对车缝，注意帽身的底部车到底，尖端部分缝份不车缝。

2　两片一组完成后，再全部组合在一起。

3　帽身表布完成后，将缝份烫开，帽子才会较为平整。

4　帽身里布也完成后，留下一返口。

5　帽檐正面对正面，车缝外围的弧线。

6　外围弧线剪出锯齿状的牙口。

7　翻回正面压线，帽檐完成。

8　将帽檐、表布及里布固定。

9　注意缝份处要撑开，车缝一圈。

10　车缝完成后，从返口翻回正面。

11　返口缝合，帽子边缘压线一圈，完成。

finish!!

idea 03

绒毛布暖手套

冬天最实用的毛茸茸的暖手套，里头暗藏着一个小内袋，放进暖暖包，再把双手套入手套中，马上温暖加倍！不做暖手套时，也是一个舒服的抱枕和靠垫。

Step by step

材料（版型请参考附录纸型）
表布：乡村风格纹布33cm×40cm
　　　小内袋15cm×10.5cm
内里：绒毛布39cm×46cm
红色、绿色、米色绣线
樱桃图案：红樱桃、绿叶

1 先用绣线将樱桃图案缝至格纹表布上。

2 小内袋的一侧短边先用手缝收边，其余三边则用拷克机收边。

3 小内袋车上绒毛布。

4 表格纹布和绒毛布正面相对车边（因宽度不同，所以以中心为基准对齐）。

5 两侧也对齐车缝，此时绒毛布会挤出多余的一角。（注意要留返口。）

6 角落对折，垂直底部车出一道直线，做出暖手套的厚度。

7 翻回正面，可看出手套的厚度。

8 塞入棉花，注意四个角和整体的平均度，并将返口缝合。

9 找出暖手套的中心，横向假缝压线，确认棉花均匀分在两边。

10 将暖手套对折固定。

11 贴紧边缘手缝接合，绒毛布才能将缝线遮盖住。

12 手缝结粒绣，借此固定棉花位置，也有装饰效果。

13 最后装饰毛球，完成。

天凉爱旅行

秋色旅行包&盥洗袋

微凉的秋天，最适合来一趟舒缓身心的旅行，
自己设计的大旅行包，容量分隔自由随意，赶紧背起潇洒出游去。
旅途中，担心沐浴时淋湿心爱的化妆保养品？
超贴心的防水盥洗包自己做更好用。

示范／惠香蓟　文／王斯韵　摄影／王耀贤

惠香蓟

具有素雅细致的配布天份，作品充分考量使用者条件，简单却实用，制作者拥有无限贴心的巧思，皆隐藏于细微之处。

http://apanwang.pixnet.net/blog/category/961231/2

Step by step

1+2 前口袋表里布夹拉链车缝，并于正面压线。侧面口袋做法相同，完成后分别疏缝到前面身片和侧面侧片。

3 制作拉链内袋时，注意把握缝上拉链口装饰片的时机，是在拉链口压线完成之后，将装饰片缝上，再将口袋布完成。

※装饰片背面烫上不含缝份的硬衬，将缝份用熨斗烫入，必要时用布用双面胶或铅条固定缝份，这些都是不错的辅助工具。

4 将提把织带车缝上去。

7 将斜布条固定一圈到侧片。

8 前后身片表里布夹袋口拉链车缝。

9 取底片表里布，与身片面对面车缝后于正面压线。

大容量旅行包

材料

素色布1m、格纹布1m、里布2m
拉链55cm　2条、32.5cm　1条
3.2cm宽的织带4m，3.8cm宽的织带1.5cm
3.2cm D形环　2个、3.8cm 日形环　1个、3.8cm钩扣　2个
尼龙包边织带2.3m、塑胶条2.3cm

裁布尺寸

前后身片（表里各2片）：39cm×55cm（含1cm缝份）
底片（表里各1片）：32.5cm×55cm（含1cm缝份）
侧口袋布（表里各1片）：21cm×32.5cm
侧片（表里各2片）：32.5cm×35cm（含1cm缝份）
前口袋布（表里各1片）：21cm×55cm（含1cm缝份）

5　将D形环和织带固定上去。

6　裁45°斜布条做出芽。

※疏缝位置不要太靠近塑胶条，以免完成后疏缝线露出。

10　身片与底片接合后，将表里布疏缝一圈固定。

11　取步骤7、步骤10对齐记号点，面对面车缝。

※有口袋的收边装饰织带下缘，记得要盖住口袋拉链缝份。

12　取包边织带将步骤11的缝份包好之后，即可将包翻正。

13　取3.8cm斜背织带车缝斜背带，将斜背带扣上D形环即完成。

收纳最宜

巧思满点的**收纳盥洗包**

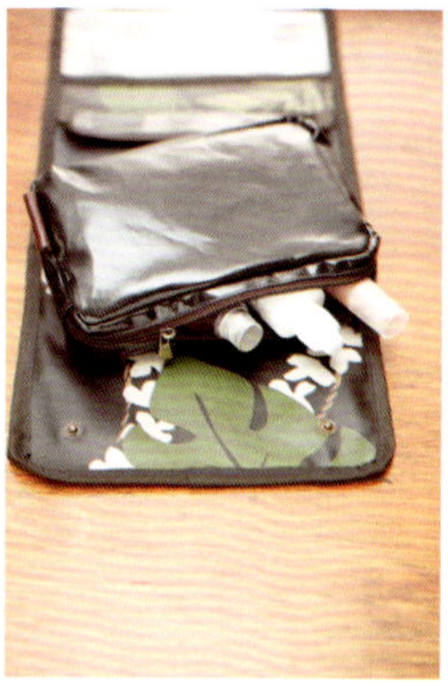

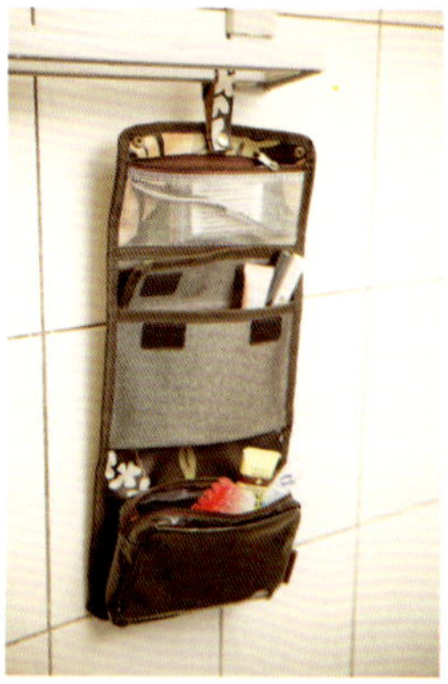

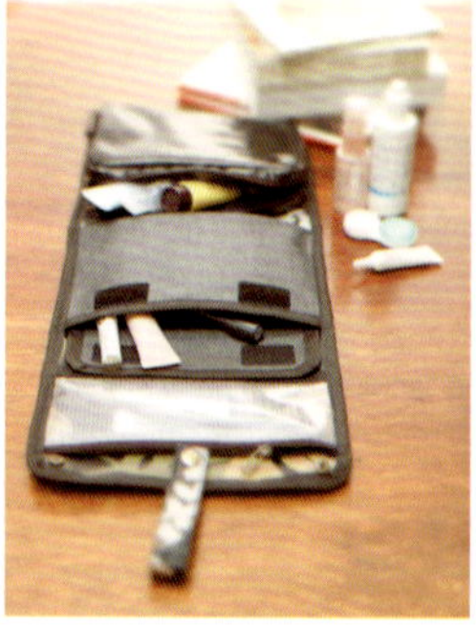

盥洗时想把化妆包带进浴室，又怕保养品被淋湿，使用防水布制作的盥洗包能轻松解决这样的困扰，特别设计的扣环适合各类可吊挂的地点，半透明网格让视线一目了然，可分离的小化妆包设计也很贴心。

材料（版型请参考附录纸型）

盥洗包（表里布各1片）：21cm×46cm（无缝份）
透明夹层：21cm×8.5cm（含上下缝份各0.7cm）
中间夹层袋盖（表里布各1片）：18.5cm×6cm（含缝份1.5cm）
中间夹层袋身（表里布各1片）：21cm×14cm（含上下缝份各0.7cm）
土司包身片（表里布各2片）：18cm×13cm（外加缝份0.7cm）
土司包口袋（表里布各2片）：24.5cm×3cm（含缝份0.7cm）
土司包底布（表里布各1片）：39.5cm×5.5cm（含缝份0.7cm）
襻带：8cm×22cm
拉链：21cm、24.5cm各1条
四合扣7组、魔鬼毡2副、尼龙包边织带3m

Step by step

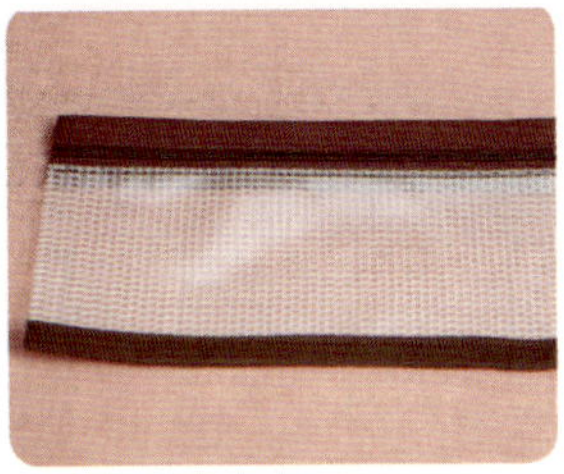

1 于透明夹层上方上拉链并压线，下方用包边带包边。

2 中间夹层袋盖用表里布背对背固定，三侧包边，在背面固定魔鬼毡。

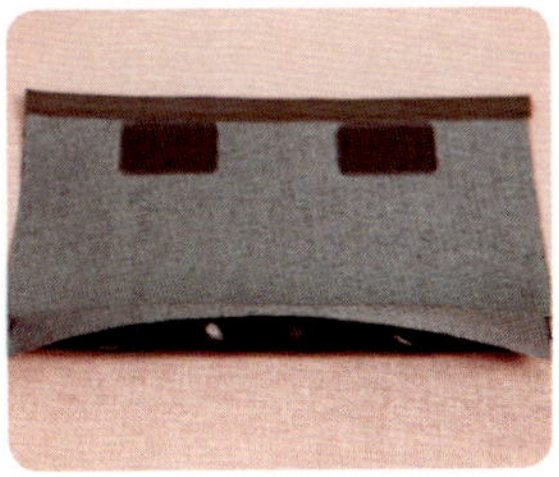

3 取中间夹层袋身上方包边，下方用骨笔做出折线并于两侧疏缝。

4 重复步骤3。此为疏缝后示意图。

5 下层土司包，取拉链口布与内里拉链口布夹车拉链，于正面压线；两片口布做法相同，完成后取底片表里布，与完成的拉链口布缝合，于正面压线。

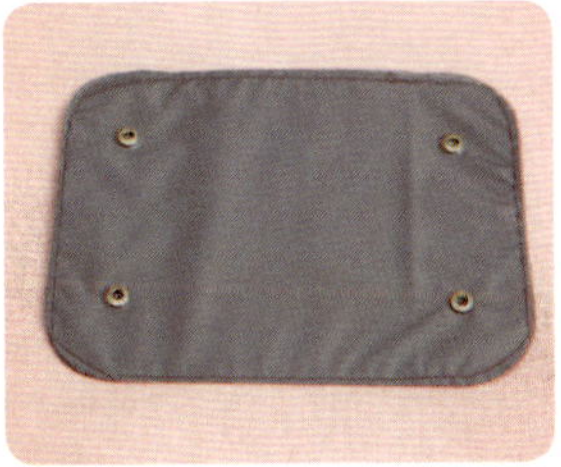

6 土司包取身片表里布背对背疏缝，前后两片完成后，取一片于四个固定点钉上四合扣的母扣。

7 重复步骤5与步骤6面对面车缝固定，接合时需注意两者记号点对上，这样完成后的包才不会歪斜。

8 将步骤7的缝份包边，即可完成土司包的制作。

9 将襻带短边缝份内折1cm，两个长边往中线折，再对折起来于四周车缝固定。

10 在盥洗包身片里布钉上土司包四合扣公扣四个，表布钉上包身四合扣公扣两个。

11 将襻带四合扣公扣固定到盥洗包身片，襻带另一端也固定襻带四合扣母扣；再取表布与里布疏缝。

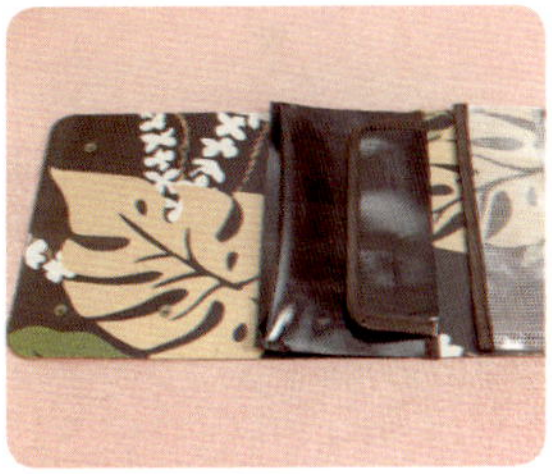

12 取透明拉链夹层，中间夹层袋与盖，疏缝到包身片上。

13 把步骤12的四周包边，钉上包身四合扣母扣，即完成盥洗包的制作。

Q&A

Q1.防水布不好车、车错又会留下无可挽回的车缝洞，该怎么办?

建议可更换防水布压布脚或均匀送布脚，也可用棉花棒蘸取针车油，酌量涂在压布脚会经过之处，用低速慢慢车，就能达到满意的效果。

Q2.四合扣怎么老是钉不漂亮?

可以把工具拿到桌脚敲打，桌脚比桌面更能提供支撑力，若能在底下垫块石头效果会更好！使用环状台，可确保打出来的扣面仍保有漂亮的弧度。

当羊毛毡遇上布料

暖调时尚——书衣、发饰、别针自己做

步骤图提供、作品示范 / 林彦伶　文 / 王斯韵　摄影 / 王耀贤

秋天的脚步慢慢近了，身边常用的日常小物也要跟着换季，利用羊毛毡与布料的结合，能作出各种充满温暖感的简单设计。

林彦伶

擅长素描、创意绘画与纤维艺术的羊毛毡艺术工作者。

林彦伶纤维艺术

http://yannlynmi.blogspot.com

彩色小树 **口金包**

做大包留下的布料别浪费，拿来制作小巧的口金包最适合了！朴实的亚麻布只要点缀上色彩丰富的羊毛毡，立刻就有了不一样的表情。

Step by step

1 **打好草图**
将贝壳口金包的版型画在布上，并裁切好留下缝份。再利用消失笔或直接取羊毛逐步针戳上布，打好草图。

※针在布上戳线状羊毛时，因羊毛戳紧会缩小，所以须一边放羊毛，一边戳紧，逐步将线条戳入布内。

2 **戳出主干**
先将树的主干戳实，再加入其他色彩的羊毛作为枝干。

3 **车缝固定**
将表布与里布正面相向、车缝固定。
※可先假缝固定再车缝，并记得留返口。

4 **隐针收尾**
由返口将口金翻到正面，并用藏针缝缝好。

5 **缝入口金**
最后缝入口金即可。

秋日森林**羊毛毡书衣**

换掉凉爽的亚麻布书衣，帮书本穿上秋冬专用的羊毛毡书衣吧！用美丽的咖啡色、橙黄色、葱绿色等冬季色调，渲染出浓浓的暖意。

Step by step

1 **基底制作**
将六角网垫放在最底层，放上一片气泡布型版（约40cm×28.5cm），开始铺毛。铺毛方式为层与层间互相垂直的铺设，不限先直铺或横铺。

2 **层叠铺毛**
可根据喜好设计厚薄，一般而言为3~5层。

3 **铺设图案花色**
建议铺设3层作为底色的建构，从第4层开始铺出图案与花色。

4 **温水洗淋**
待大色块图案铺完，盖上六角网布，并以温热水轻淋于铺好的羊毛图案上。

5 **轻压确认**
轻压图案，确定水分完全浸湿羊毛。

6 **折整多余羊毛**
翻到背后，将多余的毛依气泡布大小折入，并确保边界平整。

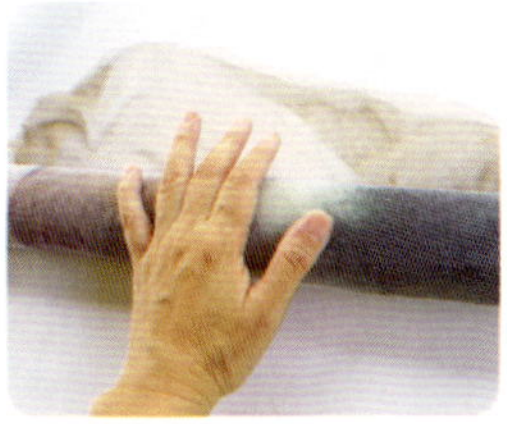

7 **搓揉至半毡化**
将其卷成条状（可直接卷或使用擀面棍辅助），开始搓揉至半毡化，注意其毡化收缩的比例。

8 **建构细致图案**
羊毛毡化10%~20%时，可配合针毡方式做较精细的图案建构。

※以平面作品而言，明确的图案或较细的线条须在此时以针毡方式加入，完成后的作品不易看出针毡痕迹。

9 **细节勾勒**
戳出不同颜色的叶子与细树枝。

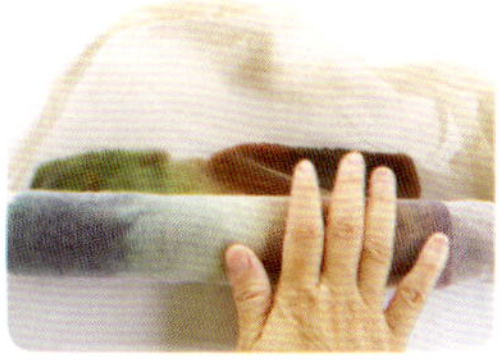

10 **搓揉至完全毡化**
盖上网布，继续搓揉至完全毡化。

※是否完全毡化可以收缩比例作参考。

11 **尺寸确认**
将铺毛完成的尺寸除以1.4即为完成尺寸的参考值。

※例如铺毛完成尺寸为40cm，完成尺寸约为28.5cm

12 **制作内里**
裁出与羊毛毡完成尺寸相同大小的棉布（须留缝份），根据需要加入内袋或笔插，各部分缝妥后，将里布与羊毛毡背面对背面，以珠针稍作固定。

13 **藏针缝收尾**
使用藏针缝，将里布缝牢在羊毛毡上即完成。

非典型饰品

嘴唇别针·眼球发饰

谁说羊毛毡小物一定要中规中矩的？绑上眼球发饰、别上缺牙的嘴唇别针，创造属于自己的奇异流行吧。

Ⓐ嘴唇别针

Step by step

1 先将嘴唇不同部位预先戳好。备好两片红色长条（嘴唇）、数颗白色圆球（牙齿）及少许肉色羊毛（牙龈）。

2 在预设好的范围内，将红色条状羊毛戳在布上，做出嘴唇。

3 逐步将白色毛球塞入并戳紧，做出上排牙齿，再将下排牙齿戳出。

4 预留一处空隙，待下一步戳上黑色羊毛，营造断牙效果。

5 调整嘴唇与牙齿的位置，且将羊毛戳紧。

6 戳出黑色断牙，并加入肉色羊毛以制造牙龈效果，接着重复Ⓑ眼球发饰步骤5～9即可。

Step by step

1 依照包扣的大小于布上画出记号、限定图案范围，并取适量白色羊毛，先戳出圆形。

2 使用肉色羊毛戳出两片长条形的眼皮部分。

3 将步骤1与步骤2结合在一起。

B 眼球发饰

4 戳出咖啡色及黑色瞳孔部分，并用少许淡蓝色羊毛戳在周围，制造效果。

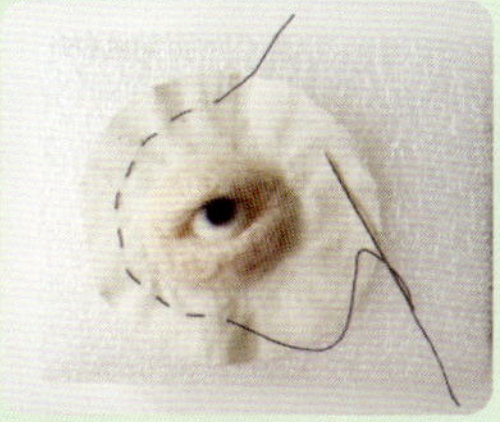

5 于布边约0.5cm处粗缝。

6 将包扣塞入并拉紧缝线。

7 调整图案位置。

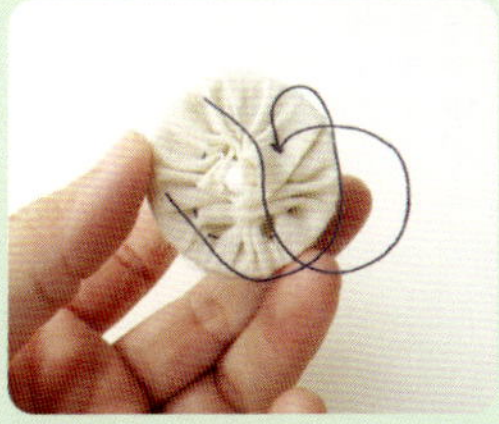

8 确定后将缝线再拉紧，并打上死结，将多余线头剪去。

9 塞入另一颗包扣，整理包扣周围让布边平整即可。

毛巾布加不织布的可爱创意

俏皮布娃娃温暖带着走

毛巾布的材质，摸起来柔软，制作也较不费工，运用最基础的缝纫技巧，加上一点造型的变化，凭借动物造型的创意构思，让布作充满趣味性。

示范／May　文／Amy　摄影／王正毅

May

曾是跑遍全台湾，创意市集中的一员，有了宝贝“馒头”后，在家专心带小孩，手作风格带点童趣以及温馨感，让人仿若置身童话世界。

馒头与我的手作幸福生活
http://www.wretch.cc/blog/kangmay65

手机吊饰可爱小象

丰满圆润的小象，利用不织布加上棉花做成，立体造型让人爱不释手，加上手机吊绳，快乐随身带着走。

材料

粉红色不织布、深粉红色不织布、点点不织布、彩虹织带

Step by step

1 先在三块不织布上依照版型画出图样。

2 各部位的组合分别剪下两片备用。

3 点点布上方的圆弧状，可依照小象上半部的弧度剪裁。

4 先将点点布的下方三边缝合在小象身上。

5 再将耳朵尖端的两处缝上。

6 正反两面皆如此完成。

7 在最上方先缝上小弹性线，当作挂环。

8 将两片小象缝合。

9 缝到尾巴部位时，记得将彩虹织带缝入。

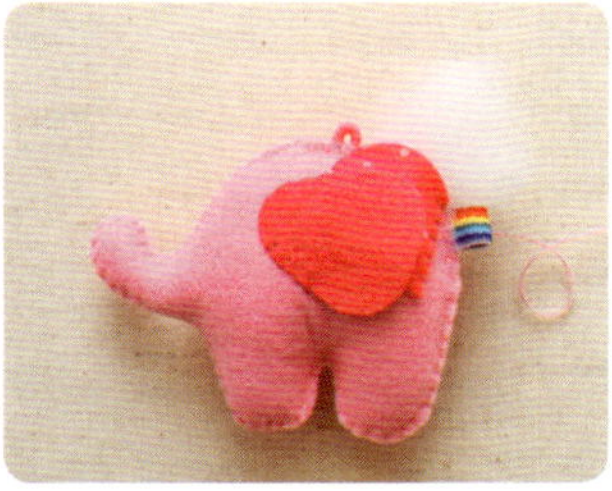

10 最后塞紧棉花，缝好即可。

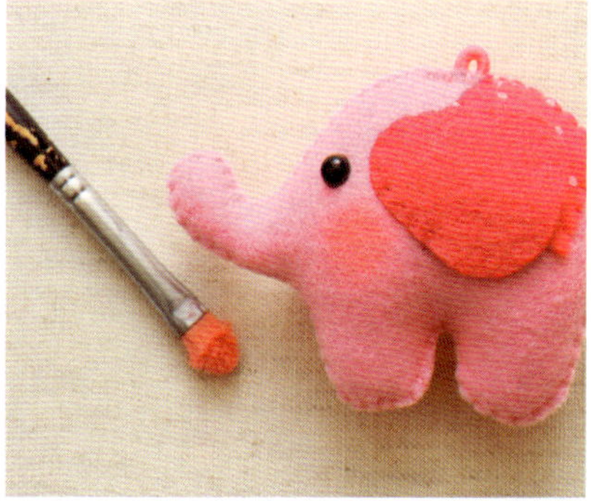

这样更可爱！

想让小象看起来更活泼，可利用水彩笔蘸点腮红，点缀在小象的脸颊两侧。

材料

毛巾布、点点布、纽扣、造型眼睛、深色不织布、白色不织布、彩虹织带

长颈鹿手机套

生活中的许多细节和时刻，只要有心爱的小物陪伴，必定能带来愉悦的心情。常带在身边的手机，怎能少了保护的手机套？快利用柔软的毛巾布好好呵护你的手机吧！

Step by step

1 先将毛巾布和点点布正面相对单边车缝，并将弹性带对折，开口朝外缝上。

2 第二块布也是正面相对单边车缝。

3 将步骤1、步骤2的布翻回正面后，在底下垫上正面的毛巾布。

4 盖上点点布，正面朝下。

5 先将三块布用针线左右固定，方便接下来的车缝。

6 用消失笔在要安装纽扣的弹性线处和开口处画上记号。

7 放上版型描绘，注意版型上开口处的线要与布上的线平行。

8 记得在将要车缝彩虹织带的位置留一个开口。

9 为了避免成品完成后，内袋因为返口问题而留下一个漏洞，可先将当成内袋的点点布下方脚形处车缝一条直线。

10 将彩虹织带对折后，开口朝外放入毛巾布内。

11 沿着版型车缝动物形状。

12 记得消失笔画过的底部留下返口，不车缝。

13 沿着车缝线外围约1cm处剪下动物形状。

14 从返口处将布翻回正面。

15 剪一小块布加上棉花，用平针缝拉紧缝成小球状尾巴。

16 在背部适当位置缝上尾巴和纽扣。

17 身体正面缝上长颈鹿特有的斑点。

18 记得缝上长颈鹿头上的角，看起来更逼真可爱。

缝纫小课堂&布作巧思

开窗技巧 **作品大不同**

一起长大的婴儿鞋

格领七分袖**外套衬衫**

立体感俄罗斯刺绣

简单刺绣玩扣子

多功能**可爱小提包**

开窗技巧 作品大不同

初学者也能轻松做的表布变化

梦想兔 竺静玉老师

喜欢玩布赏布，热心举办读书会，提倡享受手作书阅读讨论的乐趣，提供作品的制作方法，分享给手作同好。

blog.梦想兔.tw

想在作品上加点不同的变化吗？试试看开个小窗，世界将会大不同。再加点巧思，利用开窗剪下的布，贴布运用在其他作品上，既不浪费布料，又能激发出更多创作的灵感，让作品环保又美丽。

示范 / 梦想兔 竺静玉老师 协助示范 / 李明茹 采访整理 / Rong 摄影 / 王正毅

漂亮开窗

开个漂亮的窗户，可不是只将布剪出窗形这么简单，即使是开个椭圆形的窗户，也要注意许多细节，按部就班，才能开出平整又漂亮的窗。

Step by step

第一步
设计窗形

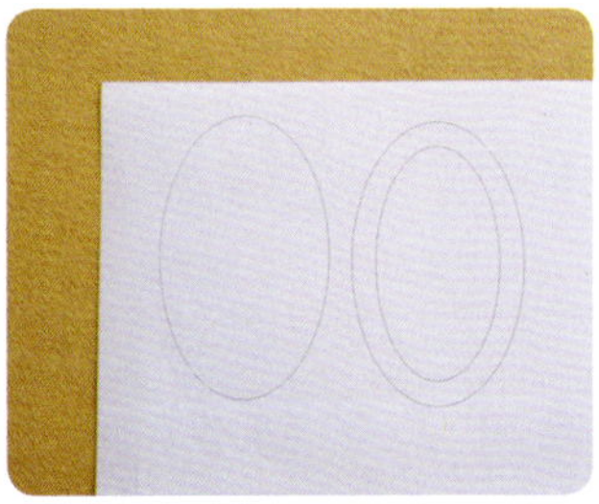

1 画出自己想要的窗形，并在内部0.7cm处画出第二圈。

2 沿线剪成中空纸型。

Point

建议依照纸型剪出型板，比较好画、好取图。

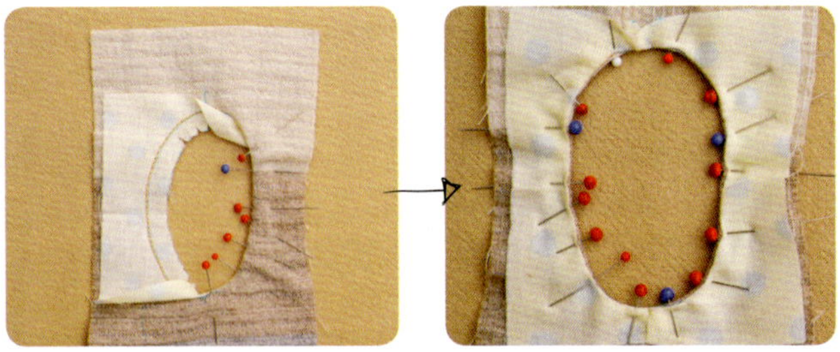

6 窗底布从窗户中穿过翻面，以珠针固定。

Point

注意珠针要插在外圈缝的那条线上，才会平整好看。

7 取熨斗，在窗底布正面边烫边将珠针拿起，烫好再整烫表布正面。

Point

窗底用薄布才好翻，底布至少要比窗形周围大1cm以上。

第二步
窗户
这样开

Step by step

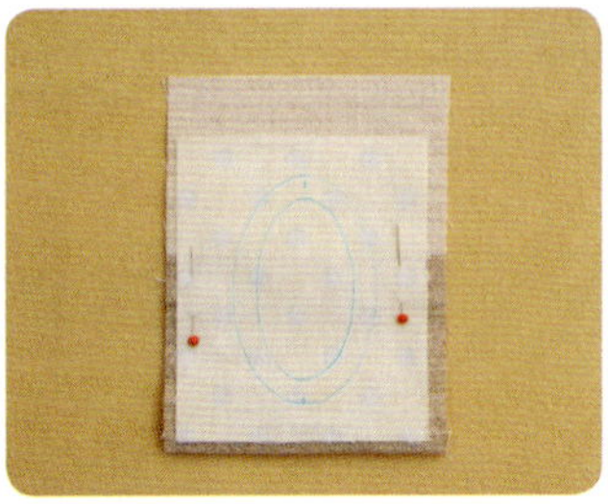

3 要开窗的表布正面朝上，窗底布反面朝上，叠在要开窗的表布位置，并依纸型将圆画上。

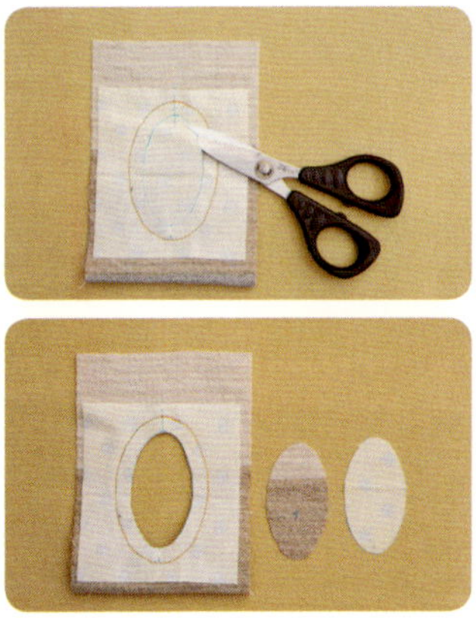

4 缝好外圈后，将内圈剪下。

5 在弧度处剪牙口，剪至接近外圈约0.2cm处。

第三步
缝上喜欢
的图案当窗景布

Step by step

8 翻好的窗下放自己喜欢的花布。

9 沿窗向外0.2cm，正面缝一圈即完成漂亮的窗了。

延伸运用

别丢掉！好用的小贴布

窗户开得漂亮，中间部分剪下来的布也别浪费哦，不管是圆形、心形或者星星的形状，都很适合当作贴布，运用在不同的作品上，既环保又好看。

Step by step

1 开窗时剪下的布料。

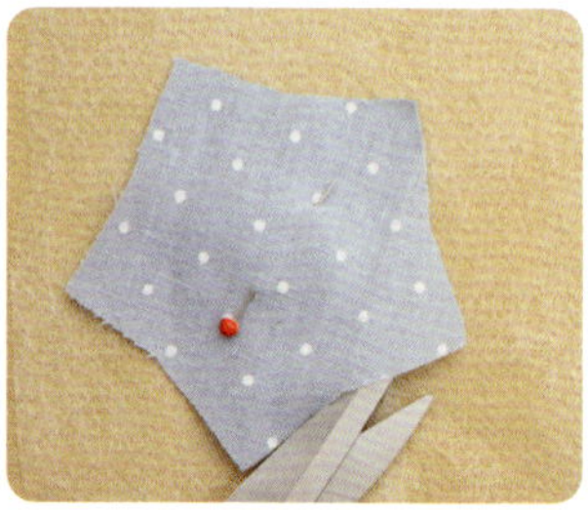

2 剪一片与布料同样大的双面衬。

机缝这样做

3 布+衬+表布，直接将贴布烫在表布上。

4 沿边缘密针绣即完成。

Finish

利用星星贴布做成的包包，别致可爱。

手缝这样做

3 将衬修小一圈，距边缘约0.7cm。

4 内折缝份，利用蝉翼衬双面的特性，反面先只烫缝份，便能轻松固定缝份。

Point

反面只能先烫缝份处，不要连中间都烫。

5 将完成的星星放在表布上，压烫后中间有胶的地方粘住，就可以用藏针缝缝在表布上。

这样变化更好玩

开窗后，再将剪下的心形布放入窗景中，车缝贴布后抽纱，便成为更具变化及设计感的作品了，不妨动脑想想看，试试还有多少变化。

Step by step

1 用双层布开好的心形窗。

2 取开窗时剪下的心形布，不折烫缝份，放回原本的位置，向内0.7cm缝一圈，边缘抽纱后，拨向中间即完成。

推荐！

好用小帮手

牙口剪

短小有力，刀口锋利，剪牙口时可以准确剪到想要的角度和位置。

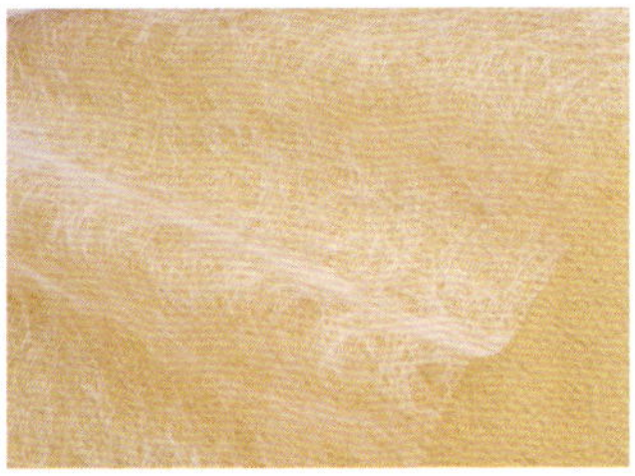

蝉翼衬

双面胶衬，轻薄易粘，只要摆在两片要接合的布中间，再用熨斗烫，很快就粘住了。

多功能小熨斗烫钻棒

三角形头适合烫缝份和小地方，还可换夹头烫钻，十分好用。

可调整大小的鞋子做法

一起长大的婴儿鞋

一般婴儿鞋的做法比较复杂，而且随着宝宝的成长，很快就不能再穿。但这一次介绍的鞋子，将能解决婴儿鞋总是穿不久的困扰，利用不同的创新做法，可以根据脚长加大鞋长。把鞋面与鞋底当作两片作品，分开来缝制好，利用布料本身的弹性，还有缝份的缩缝，当宝宝脚大一些的时候，只要拆下鞋底，再裁制一个更长的鞋底即可，以此延长使用期限，真可说是婴儿鞋的革命性创意呢！

示范／邓美华　文／守谷香　摄影／沉羲

邓美华

超人气博客作者，专长拼布与刺绣，热衷工艺竞赛、展览，擅长创意教学，乐于分享不藏私，教法易懂，天生是当老师的料。热爱针线艺术，接触刺绣后，发现刺绣的内涵丰富多元，时刻沉浸在研究与创作中，近两年专注写实艺术，不论是拼布还是刺绣，皆能创作出前卫的写真作品。

Damy的快乐随意作
tw.myblog.yahoo.com/damy-handmade
Damy玩刺绣
tw.myblog.yahoo.com/damy777

材料

鞋带5cm×10cm表布 2片
鞋面18cm×15cm表布、里布、铺棉各2片
鞋底 8cm×13cm止滑布、里布、铺棉各2片
蕾丝4cm 2条、按扣 2颗

Step by step

1 鞋带

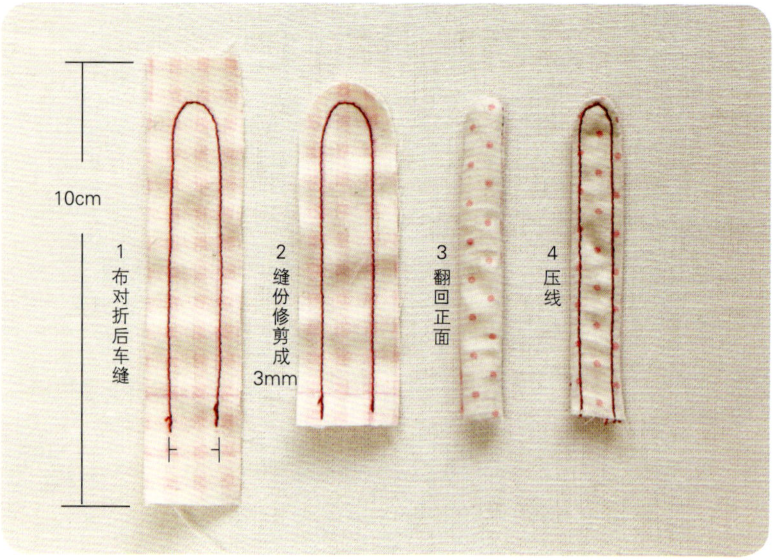

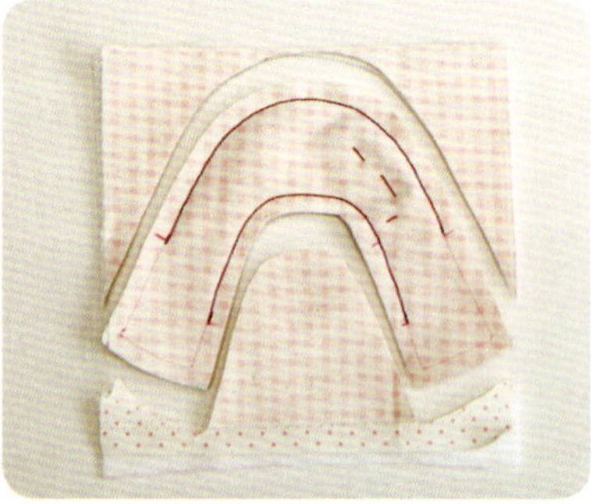

1 留0.7cm缝份剪下，铺棉修剪到车缝的线边。

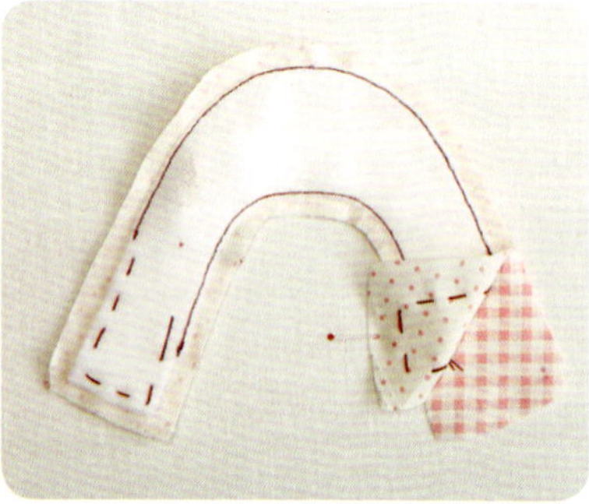

2 铺棉没车到的部分，跟表布疏缝在一起。

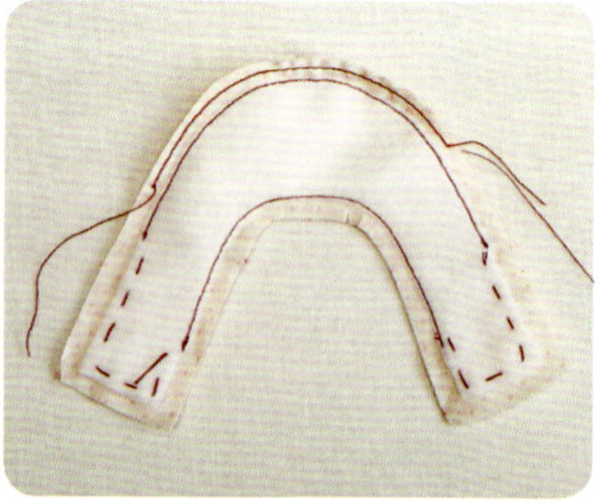

3 在鞋尖缝份处大针疏缝，将缝份缩起来。

7 将蕾丝对折，手缝固定在脚后跟中间。

8 再将里布脚后跟车缝起来。

9 表布和里布脚后跟处车缝。

2 鞋体 里布正反面都用纸型辅助画出记号，将鞋带疏缝固定在正面。

Point!! 鞋带疏缝时要左右脚都有哦！

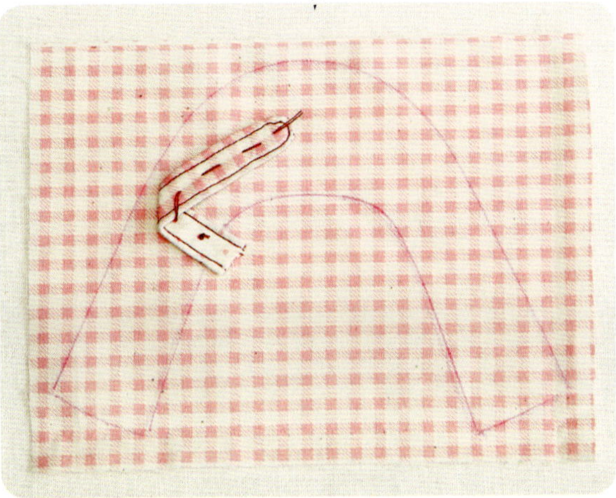

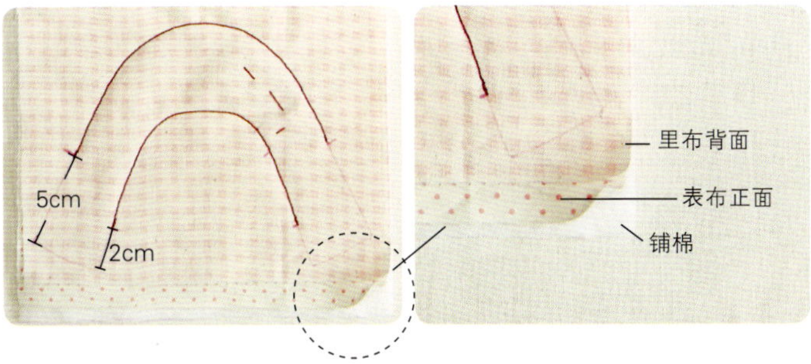

由下往上排列，铺棉、表布、里布，三层一起车缝，内圈两侧各留2cm不缝，外圈两侧各留5cm不缝。

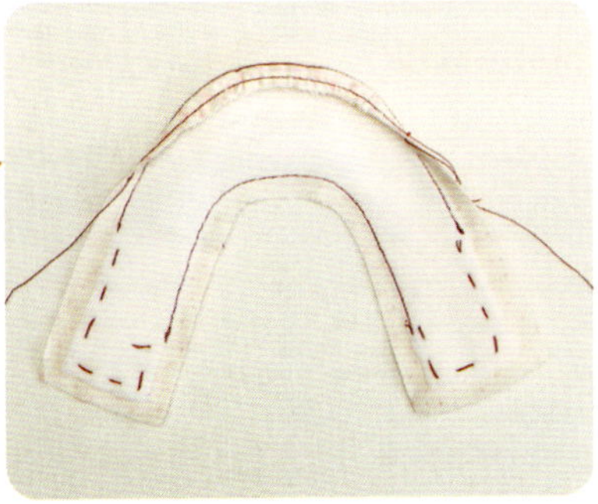

4 这个动作可让圆弧部分翻回正面时更漂亮。

5 翻回正面。

6 车缝表布脚后跟的位置。

10 脚后跟底部缝份折好藏针缝缝合，完成鞋面。

Step by step

3 鞋底

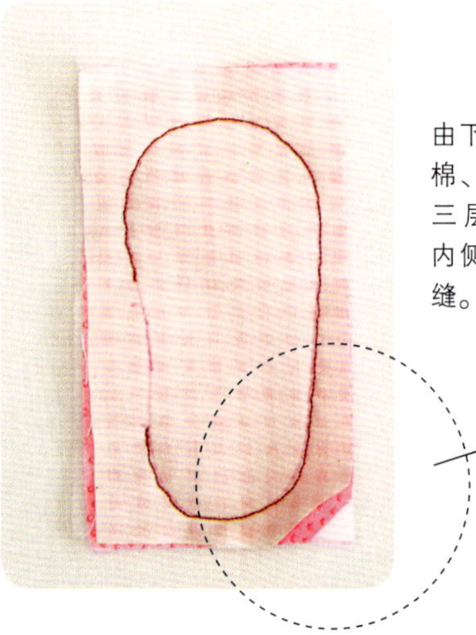

由下往上排列，铺棉、止滑布、里布三层一起车缝，内侧留5cm返口不缝。

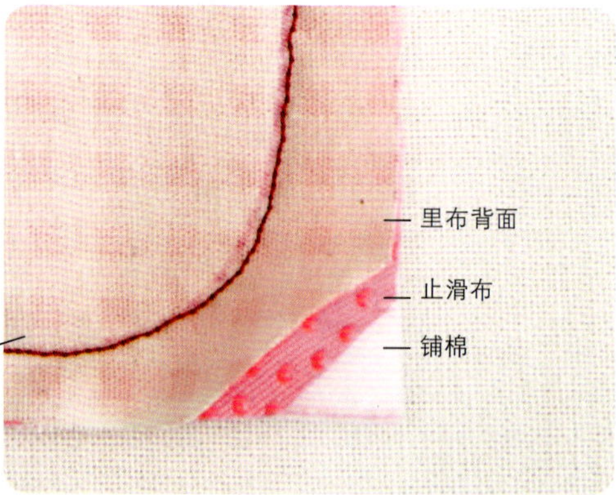

Point!! 这个做法可让圆弧部分翻回正面时更漂亮！

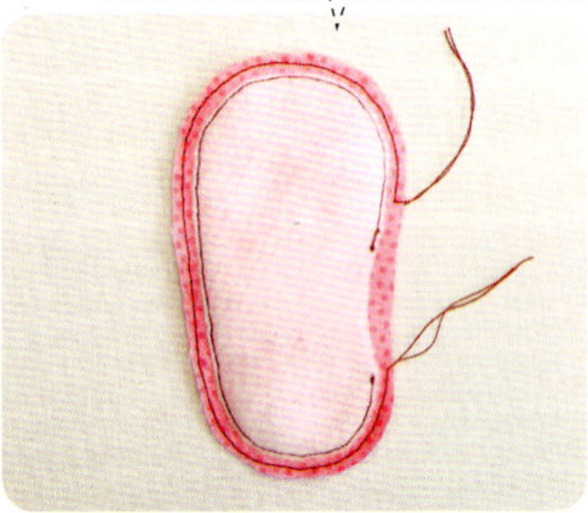

1 在缝份处大针距疏缝，将缝份缩起来，跟鞋面缩缝动作一样，再翻回正面。

2 藏针缝缝返口。

3 往内0.7cm压线一圈。

Point!! 藏针缝时，要缝止滑布和表布的边，完成时才不会看见里布。

4 鞋尖与鞋跟的中心点要先别好，然后用藏针缝缝合鞋面与鞋底。

5 缝上按扣即完成。

Step by step

4 蝴蝶结

材料：利用鞋面剩布剪下 4.5cm×6cm 2片（A）
2.5cm×3cm 2片（B）

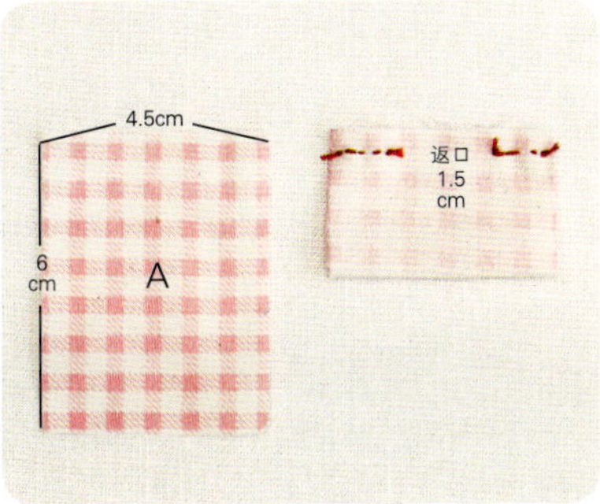

1 A布一片，如图对折，左、右各缝1.5cm，中间留下1.5cm当返口。

2 缝份摊开后，如图将返口移到中间，再将两侧缝合。

3 将它翻回正面，返口不用缝合。

4 准备双股缝线，将A缝两个折子。

5 藏针缝返口。

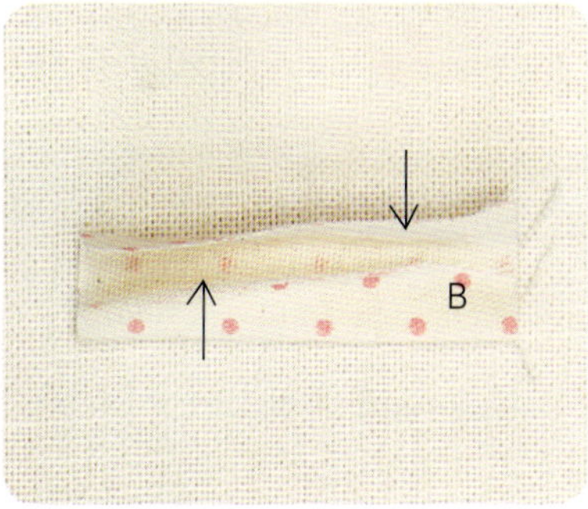

6 如图将B布2.5cm这一边折成三折，做成一个3cm的长布条。

7 用长布条围在步骤5蝴蝶结中间，并加以缝合，然后固定在鞋面上。

5种蝴蝶结的摆放效果

蝴蝶结可以改变摆放的位置，创造不同的趣味效果。在拆缝需要加长的鞋底时，也一起换换鞋子的模样吧！这双小鞋，除了变大还能变化样式，省去了重做一双的麻烦。

放在后脚跟。

放在鞋面正中央。

放在鞋带正中央。

放在鞋带侧边。

放在鞋面侧边。

甜美小花婴儿室内鞋

小碎花布料的搭配样式，看起来也好可爱呀！

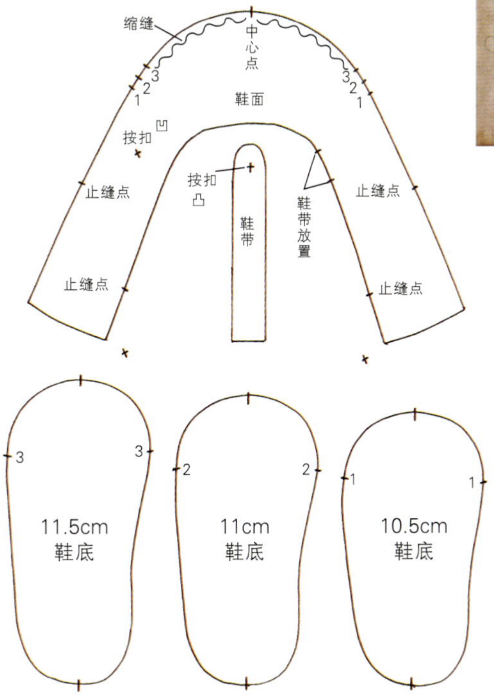

鞋底放大缩小的方式

如图，可调整大小的三个尺寸，不改鞋面，只需更换鞋底。鞋底原尺寸为11cm，缩小至10.5cm，或加大至11.5cm。缩小至10.5cm时，会在鞋尖位置略有缩缝的蓬蓬感。

秋冬实穿手作衣

格领七分袖外套衬衫

长版上衣加上红白斜格的领子非常抢眼，在不冷不热的季节，当外套穿也很好搭配，胸前的车褶，蓬蓬的七分袖袖口包边，再加上排扣内的格子布，简单中又不失变化。

示范、文／吴玉真　文字整理／许贝羚　摄影／王正毅

吴玉真

接触手作已20年，2005年成立"布田乡村手作"，擅长乡村布娃娃、手作家饰杂货、庭院木作彩绘等技巧，作品融入随意自然的杂货风味，希望通过作品创作，创造出快乐的幸福生活。著有《好想自己做衣服》、《手作包不失败的14堂课》，最新出版《做自己和小孩的衣服》。

布田乡村手作 06-3312995
http://blog.xuite.net/clothfarm/blog

材料

用布量：素棉麻布约2.4cm、格棉麻布约0.7m

其他材料：纽扣7颗、薄布衬

其他用布（已含缝份）

尺寸（M）前襟衬布（格布）：81cm×7cm　1片、袖口布：30cm×6cm　2片

尺寸（L）前襟衬布（格布）：83cm×7cm　1片、袖口布：33cm×6cm　2片

制作重点

1.领子与上衣的接合。

2.前襟开扣眼。

版型的缝份

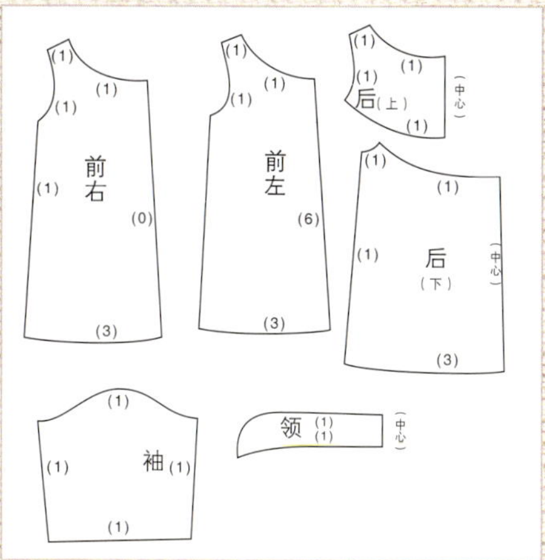

Step by step

1.前片前襟制作

1 上衣前片的右片前襟里面离布边1cm处烫上布衬（81cm×3cm），再和前襟衬格布面对面车缝。

2 前襟衬布往里对折，烫出折痕。

3 上衣前片的左片离布边6cm处也烫上布衬（81cm×3cm），前襟布往里折3cm两次。

4 注意上衣左右对称方向。

2.后片制作

1 上衣后片的上下片做出中心点记号，下片的中心点左右15cm车两道线，做拉褶皱的工作。

2 前襟衬布往里对折，烫出折痕。

3.前后片车缝肩线

上衣前后片面对面车缝肩线，并车缝布边。

4.前片车缝五道褶

1 前片画出纸型上的折痕记号线，左右片各五道。

2 依记号线烫出折痕，车宽0.5cm的褶。

5.袖子和上衣结合

- 袖子在背面做袖山记号点，袖山左右10cm为拉褶皱范围。
- 确认袖围前后方向，袖山和肩线对齐，袖子的袖围褶皱调整成和上衣的袖口同宽后，用珠针固定。
- 肩线的缝份倒向上衣后片。
- 上衣和袖子车缝一圈，然后再车布边。

6.车缝肋边

1 车缝袖口侧边至衣服肋边。

2 车布边。

3 左右各车五道褶。

4 上衣前片正面左右两边的车褶往外倒，用剪刀将领口弧度修顺。

Step by step

7.袖口包边

1 袖口布长边往里折1cm，短边对折车缝。

2 袖口和袖口布做中心记号点，袖口拉褶皱成28cm，和袖口布同宽。

3 袖口布和袖口侧边车缝线在同一侧，面对面套入，中心点对齐，车缝袖口一圈。

4 袖口布往上翻，再往里折至比前一步骤的车缝线再多0.1~0.2cm（盖住车缝线），包住缝份。

5 在正面，袖口包边压线一圈；另一袖子也是相同方法。

8.领子制作

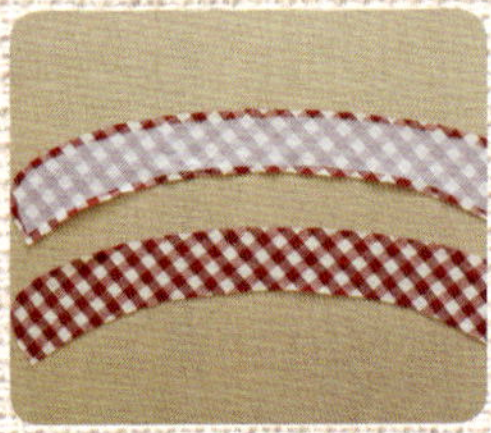

1 希望领子更挺时，其中一片可以烫上布衬。

2 一片领子烫上布衬，布衬四周须内缩1cm。

3 烫布衬的领子，内缘须往里折1cm。

4 两片领子面对面。

5 车缝领子外缘一圈。

6 领子外缘剪牙口。

7 翻至正面，整烫。

8 领子做出中心记号点，还有两点和肩线的合印点，备用。

Step by step

11.开扣眼与缝扣

1 前襟布内侧压线。

2 标示开扣眼的位置，第一颗离领口边1cm，离开襟边1cm，每个扣眼距离8cm。

3 此件作品属于外套式，所以扣眼开横式的，纽扣的位置在扣眼的前1/3处。

9.领子和上衣接合

1 前襟纽扣布往外翻，在领口端，往车褶的方向画1.5cm的记号线（离布边1cm）。

2 车记号线1.5cm长。

3 从领口方向往下剪一刀，长度约0.7cm，再从前襟布往车褶方向剪第二刀长约1.5cm。

4 前襟纽扣布翻回里面。

5 将步骤3第一刀剪的布拉至正面，这里是领子接合的起点和终点。

6 领子和上衣面对面，有烫布衬的领子在上面。

7 用珠针分别固定中心点和两肩的合印点。

8 车缝领子内缘一圈，领口剪牙口。

9 领子往上翻，和领口接合的缝份往两片领子布倒，整烫，有烫衬的领子布需遮住前一步的车缝线，在正面车压线。

10 因为烫衬的领子布遮住了车缝线，所以即使在正面压线，也可以车缝到烫衬的领子布。

11 领子外缘压线一圈。

10.衣摆的制作

1 前襟纽扣布往外翻，画出离布边3cm的记号线，车记号线。

2 从纽扣布往里剪一刀约3.3cm深（包含缝份），第二刀再由衣扣边往领口方向剪约2.3cm深，第三刀再将纽扣布剪去。

3 将前襟纽扣布翻回里面，衣扣很自然地收入纽扣布中。

4 衣摆折两折1.5cm，车缝一圈。

4 用消失笔做缝纽扣的记号点。

5 在正面起针。

6 缝上纽扣。

增添布作表情

立体感俄罗斯刺绣

俄罗斯刺绣最大的特色在于能够做出毛茸茸的立体效果，在一般布料上也都能够发挥。准备好工具后，其实步骤是相当简单的，只要抓住几个基础概念，就能够延伸到所有的图案，为布作增添无尽变化。

示范／彭淑芳　文／王韵铃　摄影／徐裕庭

彭淑芳（毛毛子）

有一个主打刺绣及布作的手作品牌“Falabibo”（客家话，意为缤纷花哨），以此为出发点，创造了多彩手作世界。喜欢以俄罗斯刺绣表现柔软蓬松的小动物，或是色彩多样的花朵、蘑菇。擅长以手感极强的作品创作出温馨居家的杂货风格。

http://www.wretch.cc/album/falabibo2007
（和朋友共同经营）

刺绣小课堂

穿线准备

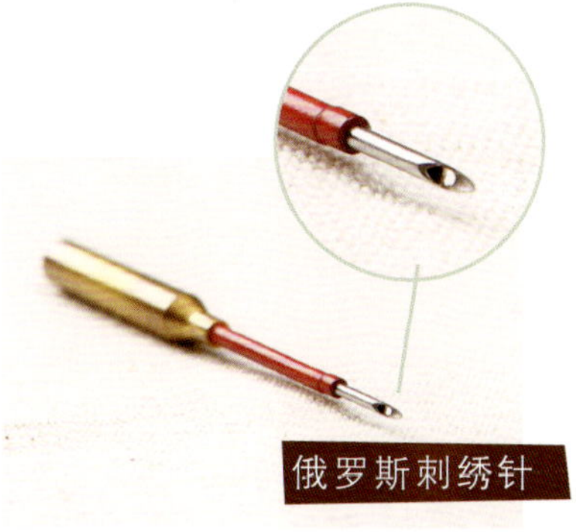

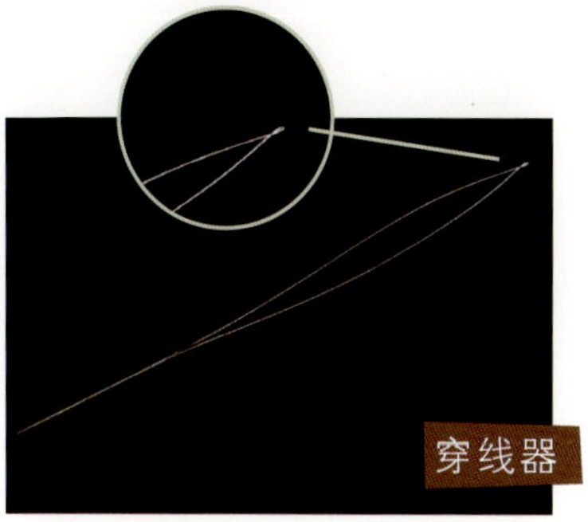

Step by step

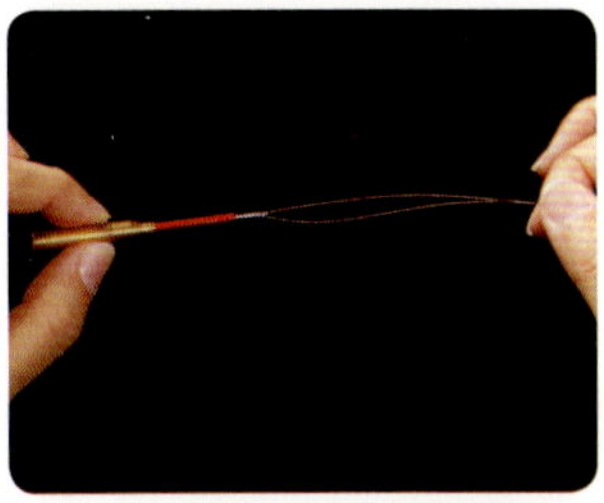

1 首先，将穿线器插入刺绣针内部的孔洞。

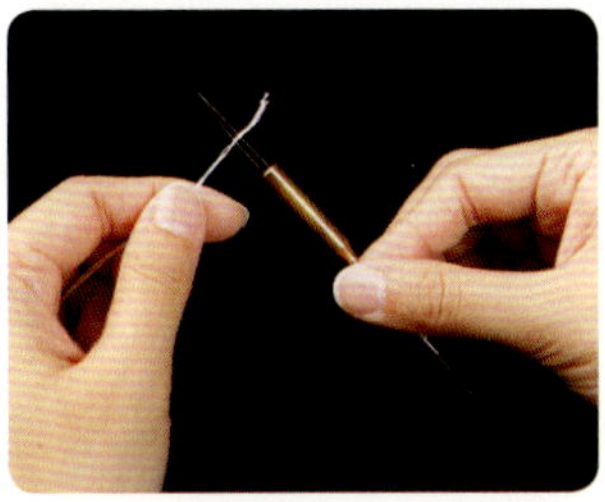

2 绣线由刺绣针尾端穿入穿线器。

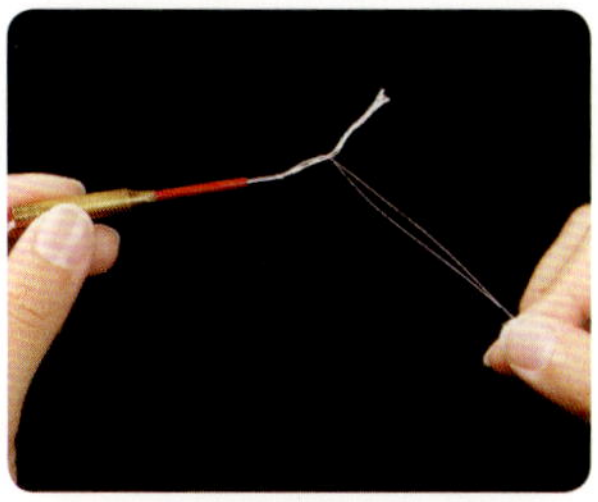

3 由刺绣针顶端将钩住绣线的穿线器拉出。

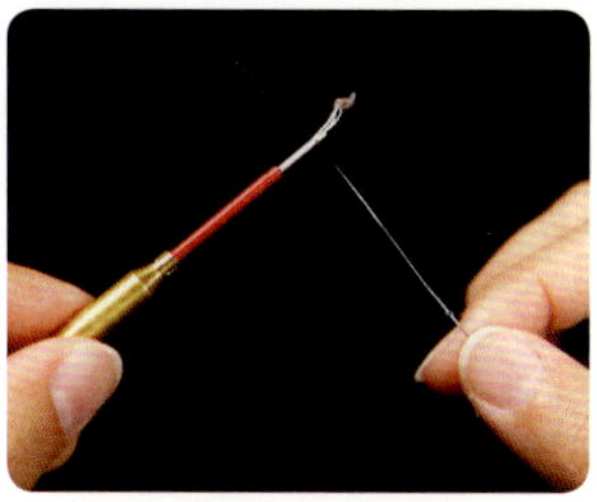

4 将穿线器脱离绣线，并穿入刺绣针头侧面的孔。

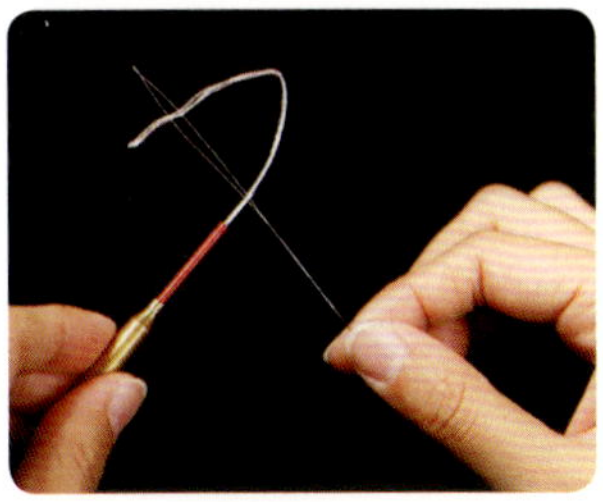

5 绣线再一次穿入穿线器。

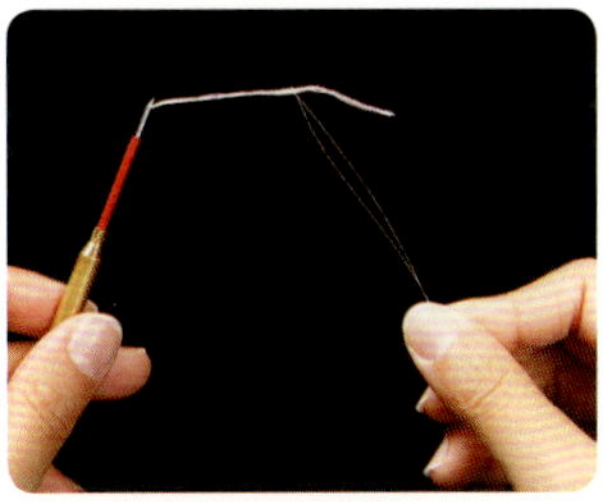

6 将钩住绣线的穿线器由洞口拉出。

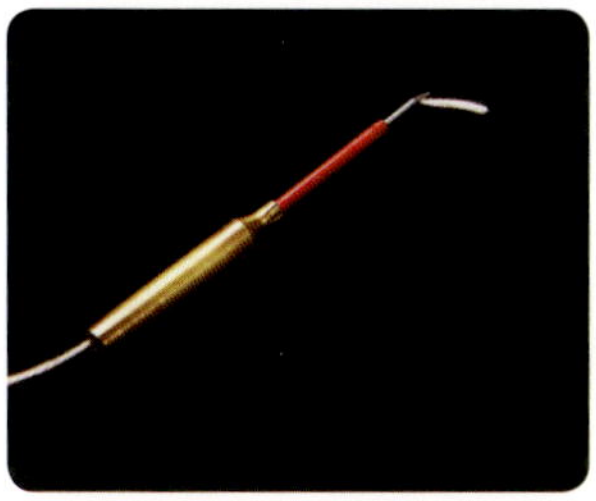

7 刺绣针穿线完成。

调节针头，弹性改变立体度

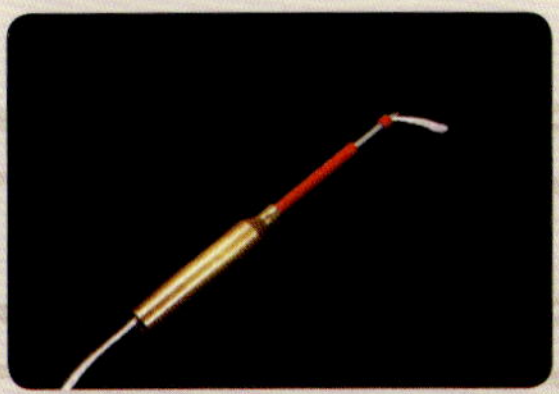

通过调节刺绣针头的长短，以控制刺绣图案的立体程度。

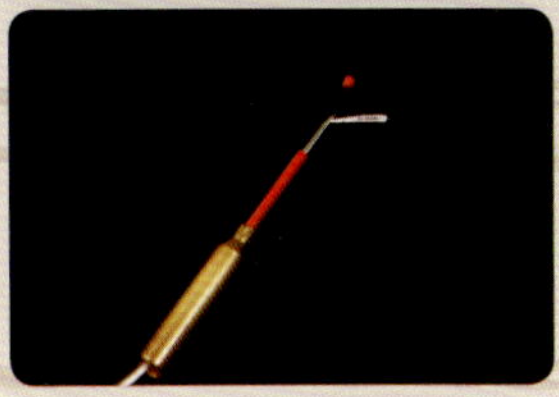

针头越长，刺绣图案的效果越立体。

刺绣图案的立体程度比较

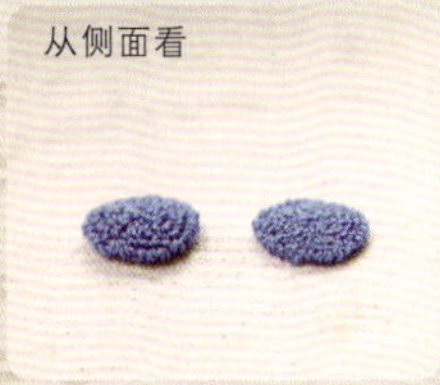

左边为较长的针头刺出的图案：图案较立体、呈现蓬松柔软的感觉。
右边为较短的针头刺出的图案：图案较扎实、轮廓利落干净。

让刺绣更顺手的小秘诀

找一个大小相当的空心筒状物当刺绣底台，可以让刺绣过程更加顺手。

可爱加分

草莓点缀棉麻背心

在平面布料上，『种』出一颗立体的小草莓，就是俄罗斯刺绣的非凡魔力，好像一枚鲜亮的徽章，效果非常抢眼！

材料

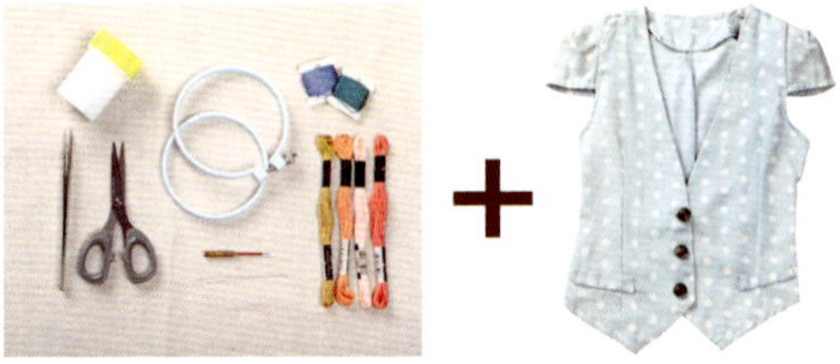

Step by step

1 在衣服的背面画上草莓图案。

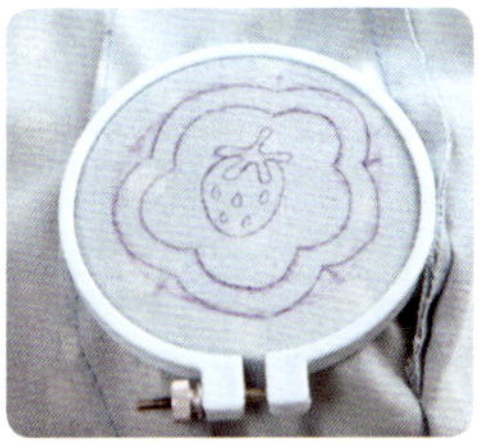

2 将布绷紧，让图案刚好落在绣框中间。

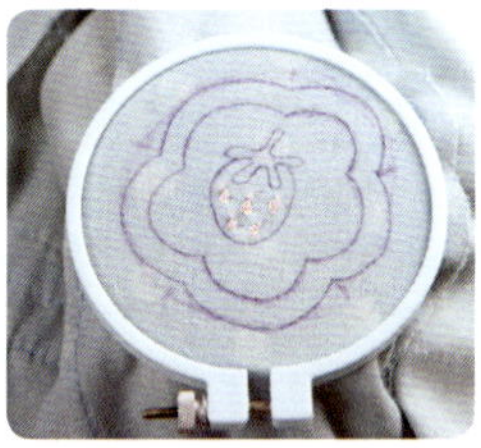

3 先把草莓种子一粒一粒绣好。

4 接着换一个颜色，将草莓蒂头完成。

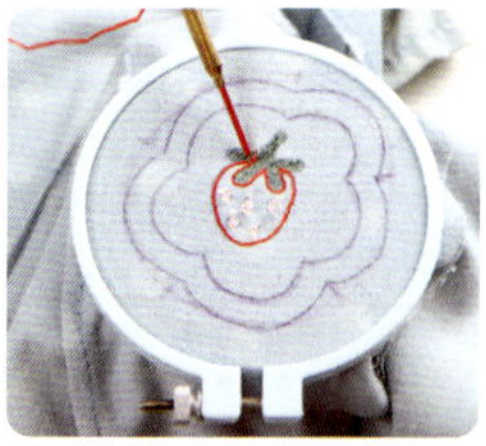

5 进行果实刺绣时，先将轮廓绣好。

一学就会的刺绣基本动作

绷布

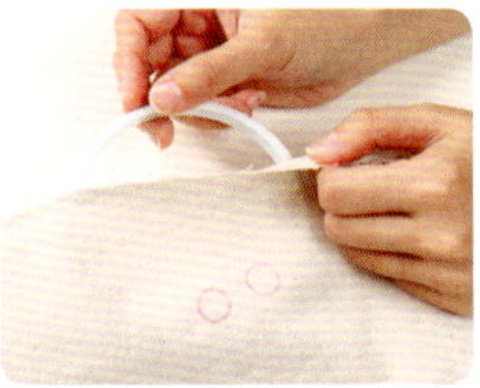

1 刺绣框一组为双圆框，绷布的时候，将内圆框放置于布下方。

2 外圆框则叠在内圆框之上，将布夹住。

3 将外圆框尽可能地拴紧并向下压合，可以把布绷得更紧。

刺绣小贴士

1 开始刺绣前，须预留约1cm的绣线使图案固定。

2 刺绣时沿着图案轮廓绣，再一圈一圈前进，将图案填实。注意针头的洞口要朝向刺绣针前进的方向。

3 刺绣完毕，直接将绣线剪断，留下约1cm的线头。

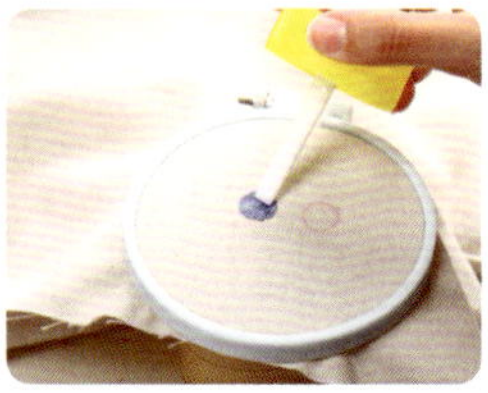

4 完成后，可烫上薄棉衬或涂上一层薄薄的胶水固定图案，避免线圈被钩出。

5 翻回正面，用镊子调整图案形状，让刺绣图案更漂亮。

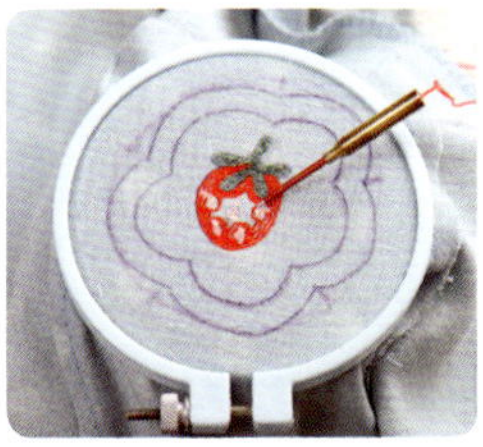

6 一圈一圈将图案填实，顺着种子轮廓前进。

7 图案刺绣填满后，将线尾剪断。

8 刺绣完成正面图。

9 用粗棉线以平针绣的方式装饰图案周边，让样式更完整丰富。

10 刺绣图案完成。

童趣加分

小绵羊口袋扁包

原本全素色的棉麻扁包，加上可爱的小绵羊口袋后，立刻变成充满童趣的购物提包，可爱得令人爱不释手，当成小朋友的提袋也很适合。

材料

手缝线（缝合口袋内外布）
粗棉线或毛线（可为袋子增加刺绣装饰）
绣线（俄罗斯刺绣使用）
口袋表布、里布棉衬及素色棉麻袋

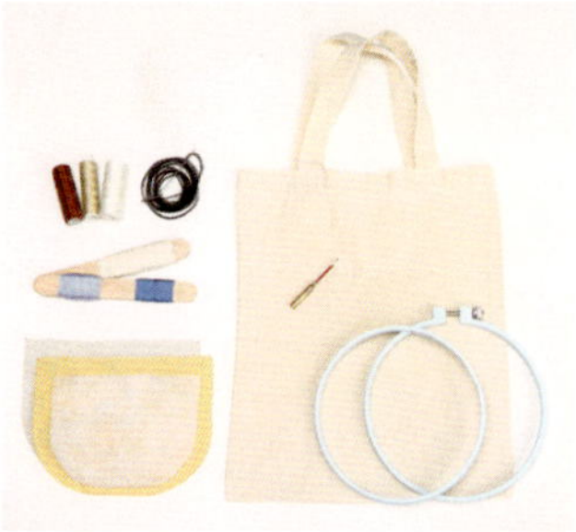

Step by step

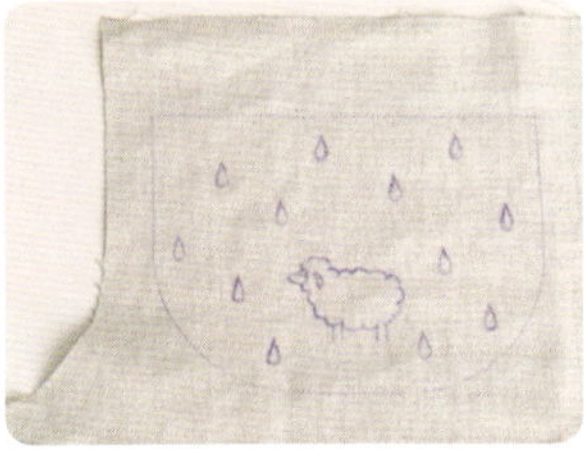

1 先画好口袋外缘，再把绵羊图案描绘上去。

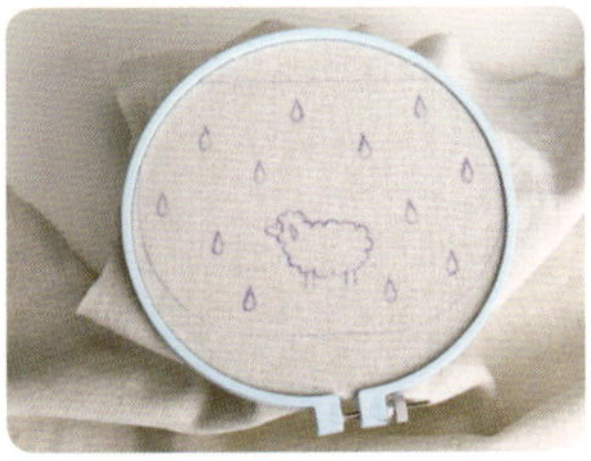

2 将图案绷紧，图案必须全部在绣框之内。

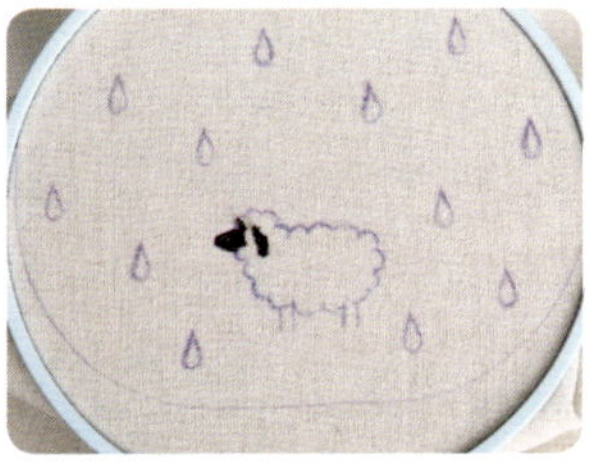

3 先把绵羊的脸及耳朵等小面积区块绣好。

4 再把绵羊身体一圈一圈填实，眼睛部分只需绣一二针。

5 以深蓝色线绣好部分雨滴。

6 再以浅蓝色线把剩余的雨滴绣完。

7 刺绣完成正面图。

8 在刺绣完成后再把布片剪下（因为大块的布比较好绷紧）。

9 绵羊的脚因为较难用俄罗斯刺绣表现，可用粗棉线直接绣上。

10 一般的刺绣须于头尾打结固定（用于绵羊的脚）。

11 口袋制作，先在表布背面疏缝上棉衬。

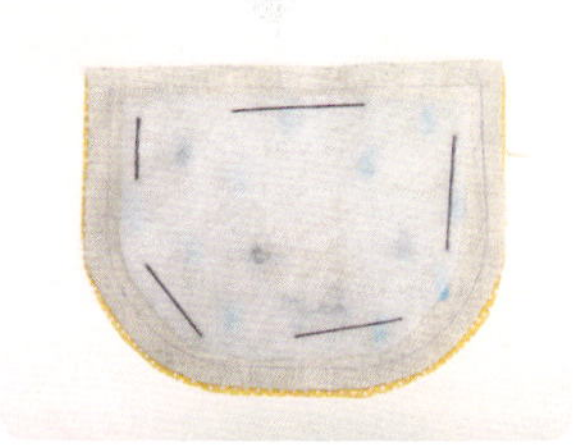

12 表布正面与里布正面对齐，沿外缘缝上，需要留5~7cm的返口不缝。

13 从返口将表里布正面翻出，以藏针缝将返口缝合，即完成刺绣口袋。

14 将刺绣口袋以平针缝缝在素色棉麻袋表面。

刺绣提袋完成！

装饰扣的不同变化

简单刺绣玩扣子

只需两种针法设计，就让小小的扣子多了刺绣装饰，可以加上缎带组合成别针，或者做成小孩的发饰也可爱极了。

示范／邓美华 文／守谷香 摄影／沅羲

只用
两种针法

玫瑰花蕾丝扣

看起来高难度的刺绣扣子，其实只用了两种基础针法，加上花片与珠饰就能完成整个设计，初学者也能马上做出令人惊奇的作品，单颗即可做成发饰。

多了刺绣，扣子的立体感完全不同，特别是从侧面看，花瓣翻飞，用在其他地方也是非常棒的素材。

编织卷线绣 *Cast-on stitch*

1 2 3 4

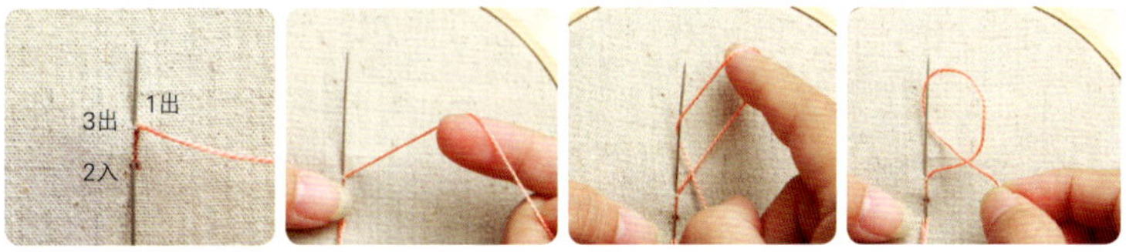

▶1出之后，2入3出不要拔针，将线绕成圈，套在针上。

5 6 7 8

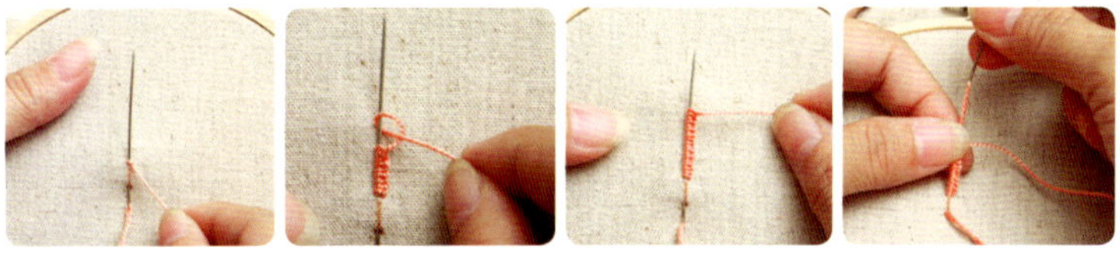

▶一直重复做到所需圈数，然后拔针。

9 10 11

▶出针后将线拉紧，4入针结束。

玫瑰做法（编织卷线绣的应用）

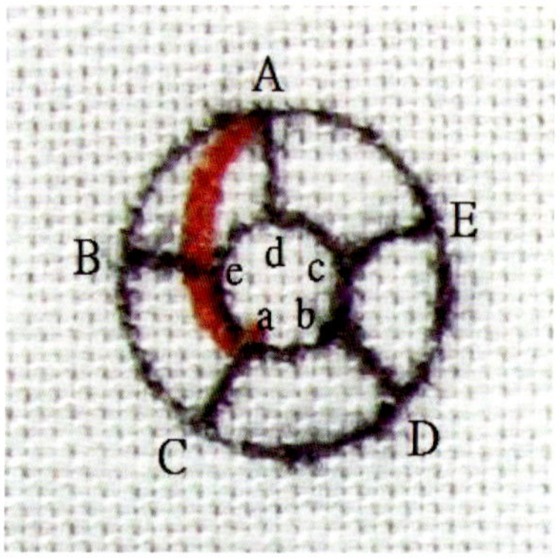

玫瑰花共有五个花瓣，25号绣线6股，用编织卷线绣针法卷12次，如红色记号。第一片花瓣从外圈A出针，内圈a入针；第二片花瓣就是外圈B出针，内圈b入针，依此类推。

扣子组合顺序

1 在直径4cm的圆里绣轮廓绣。

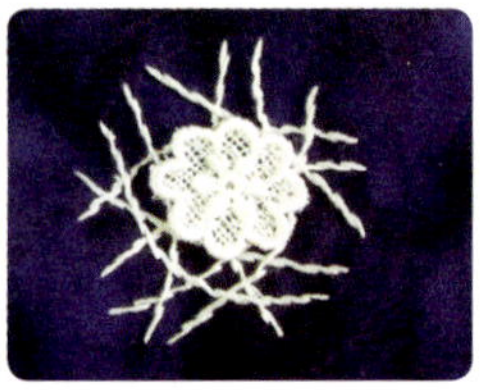

2 加上花片。

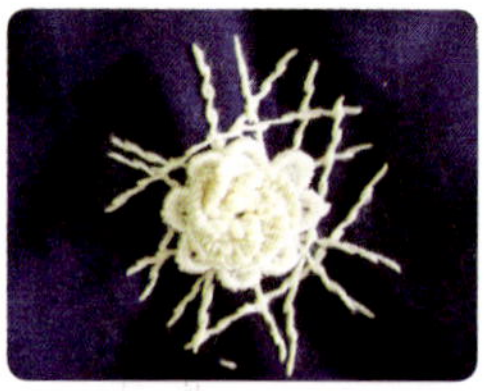

3 在花片上刺绣编织卷线绣。

4 在花心缝上珠珠。

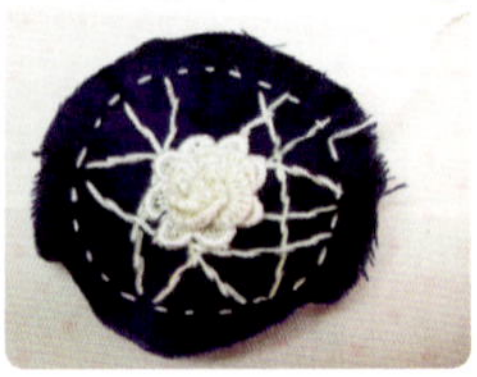

5 将布剪下直径5cm，缩缝一圈。

6 放入塑料扣，线拉紧后，回一针打结。

7 套入垫片就完成了！

玫瑰形锁链绣 *Rosette chain stitch*

▶针法看似复杂，其实只是扭转雏菊绣和穿线的组合。

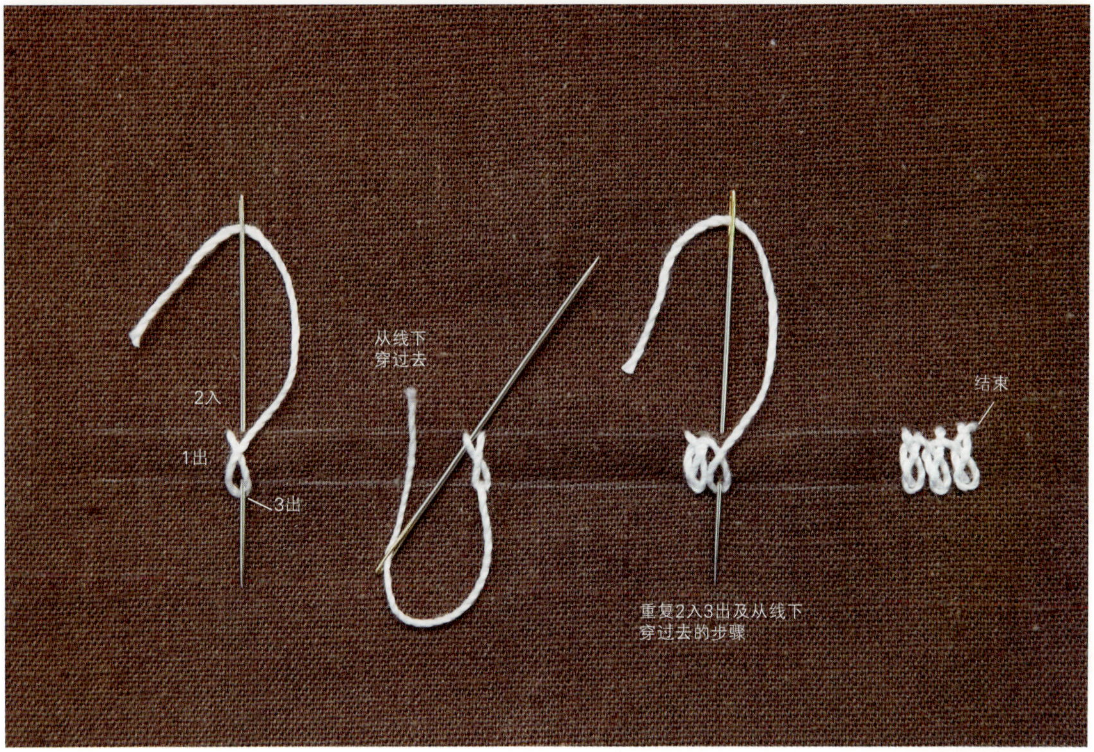

▶用这个针法，绕圆绣出一朵花。

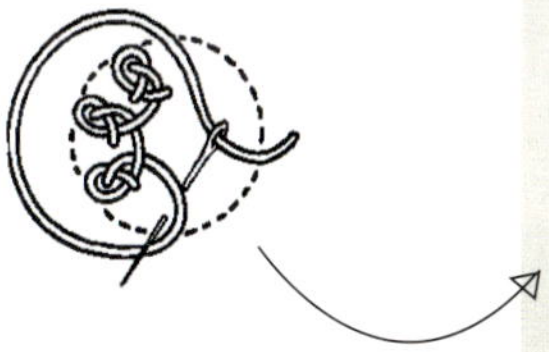

法国结粒绣 *French knot stitch*

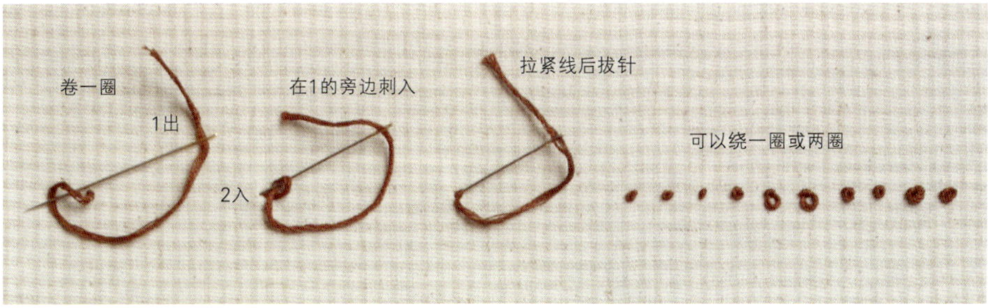

▶法国结粒绣是很基础的针法，经常用于花心、点的装饰，或是填满面积。

▶中心点用法国结粒绣填满。

只用两种针法

刺绣扣子胸针

一样是在扣子上玩刺绣，加了布料缎带后，就能做出一个很好搭配的胸针，配合秋冬的大地色彩，精巧又漂亮。

材料

缎带

A布 6cm×7cm 4片、B布 8cm×7cm 4片
C布 4.5cm×35cm 1片、蕾丝A 1.5cm×20cm 2条
蕾丝B 1cm×20cm 1条
缎带A和B 各3cm×30cm 1条

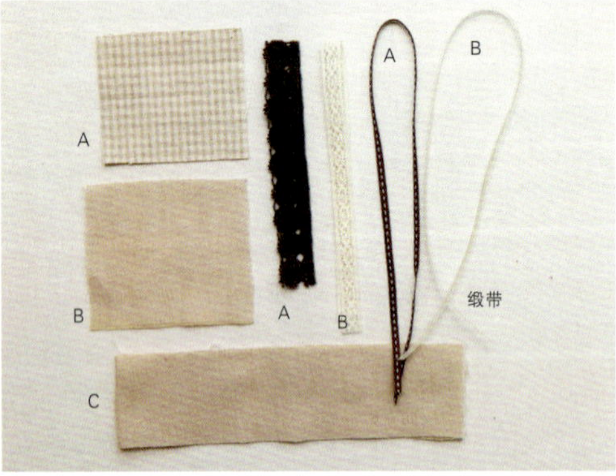

扣子

直径5cm包用布1片、2.5cm包扣1组、绣线少许。
直径5cm胸针用布1片、直径3.5cm厚纸板1片、别针1个

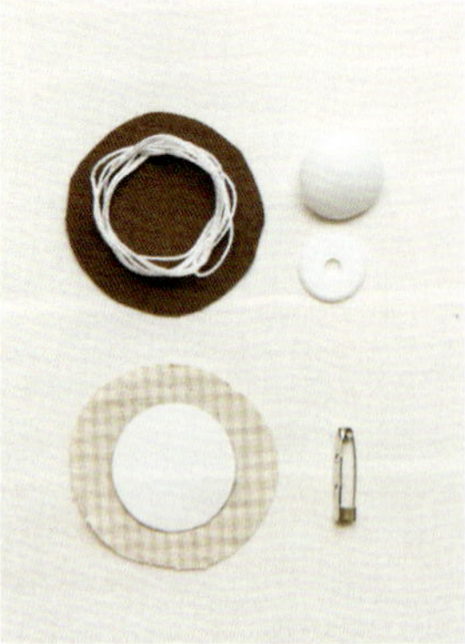

▶包扣用布刺绣完成，在布的边缘细针(3mm)缩缝一圈，放入塑胶扣，拉紧后回一针打结。再套入垫片，就完成包扣了。

缎带组合顺序

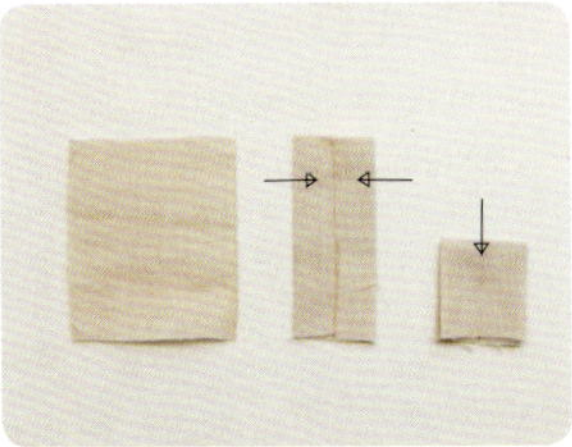

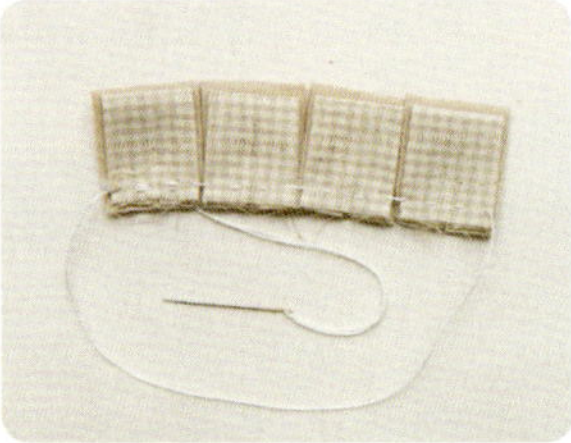

1　A布和B布做法相同，如图折叠。

2　A布和B布叠在一起，如图串缝。

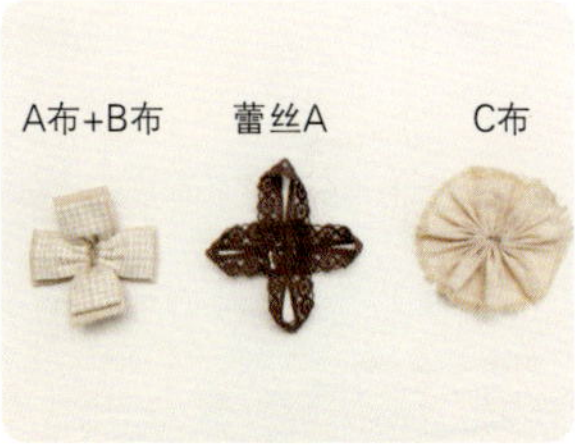

3　蕾丝A1.5cm×20cm两条，如图折好，中心用线缝住。

4　别针缝在布上约1/3的位置，缩缝后包住厚纸板。

5　三层叠在一起。

6　蕾丝A跟C布用相片胶粘住，再粘上组合好的布片AB。

7　包扣粘在中心。

8　把蕾丝B和缎带A、B缝在胸花背面。

9　将别针粘上去即完成。

漂亮又实用

多功能可爱小提包

和煦的风中，洒下金亮而透明的阳光，伸个懒腰便是最适合野餐的时刻。用厚衬布来做保暖的小提包吧，一起共享欢聚的时光。

设计制作、步骤图提供 / 郭芷廷　文 / 杨佩颖

材料

表布 0.5m 防水里布 0.5m
保温铺棉 0.5m，也可用一般薄铺棉，但一般无保温功能
美国厚衬 45cm x 55cm
洋裁衬 1m，用薄布衬也可以
薄布衬也可酌量用洋裁衬取代
25cm塑钢拉链 2条
可爱布标 1个
宽缎带 1cm x 6cm

台湾拼布网

http://www.quiltwork.com.tw/main.asp

除了可以买到多样化的布色以外，更可以直接在这里与多位教学经验丰富的老师一起上课，让每一位布作爱好者，都能体验手作乐趣。

Step by step

1 请分别参考附录纸型中的A、B、C、D剪下保温铺棉，A需要2片，B、C、D各需要1片。

2 将剪下的保温铺棉放到表布背面，请空出缝份，再盖上洋裁衬（有胶面朝下），请隔着布将洋裁衬整烫粘上。一定要隔布烫，不然洋裁衬太薄，胶会反粘在熨斗上！

3 整烫后再用0.7cm的缝份圈画出缝份，即可将含缝份的表布都剪下来备用。

4 请分别参考附录纸型中的A、B、C、D剪下美国厚衬，A需要2片，B、C、D各1片。请注意！美国厚衬比较厚，若要车缝好，最好比纸型小0.5cm剪下。

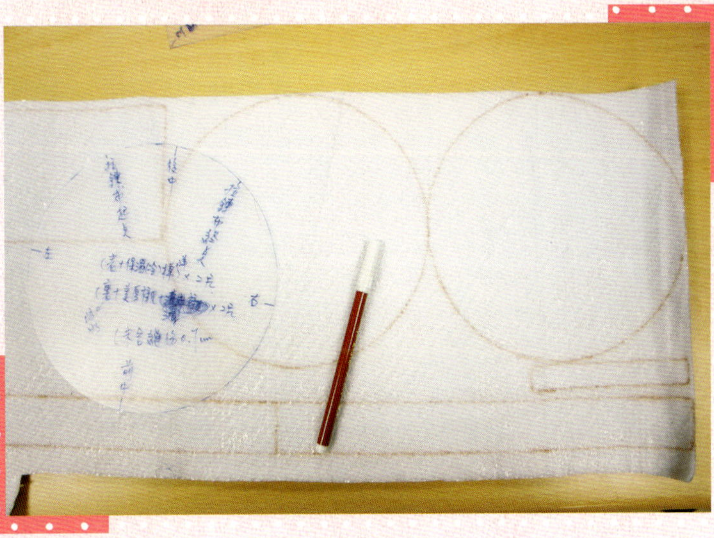

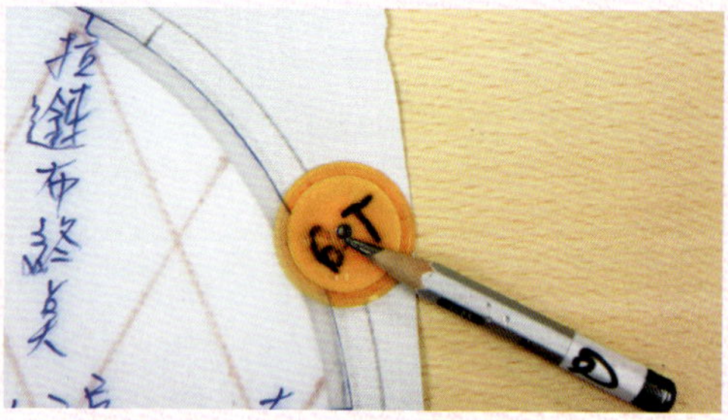

5　将步骤4的美国厚衬都车缝在防水里布的背面，车缝可以车直纹或斜纹格，固定好后以0.7cm缝份圈画出缝份，再含缝份将防水里布剪下。

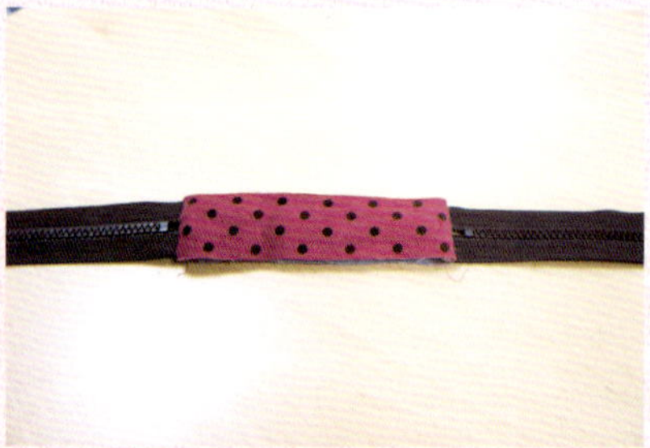

9　请如图翻回正面。

10　拉链布边0.2cm处，要车一道临边线。因为距离较近，缝纫机请改用装饰线压脚。拉链布的上下两旁也可以先在0.5cm处车缝起来，免得布片很多，较难固定。

11　先将拉链布固定车缝到袋身上，车缝在0.5cm处最好，这仅是稍微固定，不要车缝到0.7cm的线上。

15　袋盖一样先在0.5cm处车缝拉链。

16　将袋盖的里布与步骤15的拉链车缝起来，拉链布上面要留返口。

17　从返口拉回正面，将返口都贴缝起来。

〈本作品纸型也可上“爱生活手记”官方博客或台湾拼布网下载〉

6 将取下的里布侧身B，头尾车在一起，缝份打开后再与里布的圆底车缝在一起。圆底上有记号，请用珠针先将该定的点都分别先固定好再车。

7 表布做法与步骤6相同。袋盖的表里布也以相同做法做好。
※袋盖上如果要车布标，请在此时就车缝好。

8 将拉链布D的表里布两端分别夹车拉链的尾端。
请注意：拉链正面面对的一定是表布！一不注意的话，拉链会车反。

12 要特别注意两条拉链头固定的样子。

13 将做好的表布塞入里布内，在0.7cm处车缝固定，在拉链布上面留返口。

14 将袋身从返口拉回正面。

18 按附录纸型中的E取下2片布车缝起来，留返口，翻回正面。蝴蝶结中间以卷针缝缝起来3.5cm，形成一个结。

19 按附录纸型中的F取下2片布，车缝起来留返口，翻回正面。从F布的中间缩缝起来，并固定到蝴蝶结提把上，并以1cm宽的缎带包一圈，并缝好固定。

20 蝴蝶结提把就可以贴缝固定到袋盖上。

可爱又兼具时尚感的小提包就完成了！

台湾南部最齐全的布料店

木布屋杂货铺

文／守谷香　摄影／沅羲

这里的材料质感细腻，有趣的手工小物随处可得。

坐落在SOGO后面的木布屋杂货铺，是台湾南部内行手作人无人不知的名店，它藏身在公园附近，招牌其实并不醒目，但门口的人车永远是拥塞的，不分平日假日，店里总是人来人往络绎不绝，四面八方的材料满满堆砌，就连天花板上也一样挂满手作包，让人拉长脖子欣赏还乐此不疲。

这里基本上是一家会让手作者理智断线的地方，源源不绝快速更新的布料，最高纪录一个星期内竟然有多达十多组将近百支布的进货，塞满小小的空间。虽然布多，但看上眼的如果不马上下手，过个几天再来找，往往已经卖完。由于布料的种类太多，每次几乎都只进一支货，卖完就真的再也没有了。领教过几次这种情况的熟客，经常都在二楼布料区踌躇不决，明眼人一看就知道他们在此徘徊踱步的原因，彼此相知相惜心有戚戚焉。这里来往的手作者不只是一般客源，老师级的顾客更是常客，所以也有一买就是大手笔的，较为抢手的布料，有时柜子都还没“坐”上，就被通通打包带走了，布料流动率极高。

Shop data

木布屋杂货铺

地址：高雄市前镇区南天街93号

电话：07-330-3718

营业时间：早上11:00～晚上10:00

一楼多是材料用具，包括拼布工具及许多缎线、布料、珠饰、工具等。

这里的材料质感细腻，有趣的小物件随处可见。

特色1

抢手的二楼布料区

知名的二楼布料区，布料的选定不同于其他店铺，所选的花色及材质都有一定水准，以进口为主，常有特殊的图案布料给人意外的惊喜。美式的拼布包包布料连纸型都已在布上印好，裁下即可，方便又简单，连配布的功夫也省了不少。立体刺绣布料或是防水布料都是常备品，乡村款、可爱款、蕾丝款、古纹款，等等，一应俱全，布料种类极为丰富。

特色2

出售自制纸型讲义

专门出售纸型讲义是木布屋的一大特色，店内的阿惠老师是主要的创作者，设计各式包包纸型讲义出售。平时她就坐在店口的骑楼下工作，是最佳的手作代言人。一些老师也会把自己创作的纸型讲义寄放在这里出售，天花板上的包包们，都是依照纸型制成的作品，只供参考而不出售。

特色3

种类齐全，选择方便

买材料的时候，免不了需要各种小零件来搭配，但是要在同一家店把布料和配件一次买齐，不论是在台北或是高雄都不容易。但小小的木布屋虽然不是百货商城，却什么都有，尺寸与样式都还能有挑选的余地，在比较搭配的时候，对手作者来说真是应有尽有，非常方便，在同一个店铺更方便挑选搭配，最后如愿以偿，省去东奔西跑的麻烦，也少了买错物件的费用。

布柜子有啥货

随时都在进货与出货的布柜子，
看看有什么精彩的好货吧！

图案布

美式的拼布包包把布料和纸型二合一，店里的阿惠老师利用这个方便的布料，以及自己的巧思搭配，加上皮制把手、铺棉车缝之后，布料的特色立体展现，效果出众！

数学算式布

↓极少见的数学算式布，用深色底来营造出黑板和粉笔字的课堂画面，洋溢着怀旧风情。

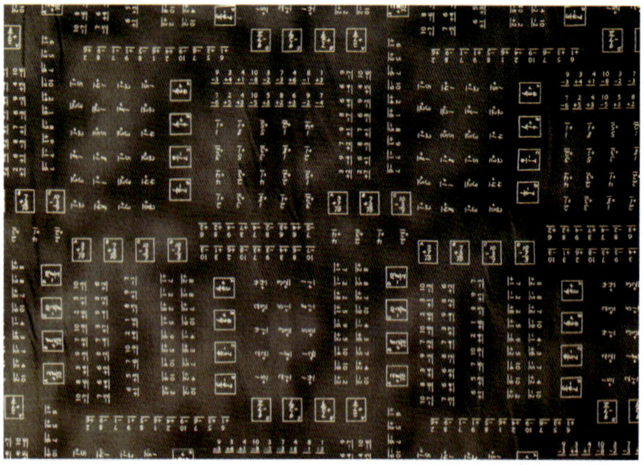

娃娃人形布

↑印上相似设计的服装配件，一看就使人联想到纸娃娃的换装游戏，玩偶是最常见的制作。

刺绣花布

↓不懂刺绣没关系，这块简单大方的红色花布就把小花都绣上了，三朵一组。

猫头鹰布

↑花色鲜艳，各种色彩的猫头鹰在像跷跷板的树枝上摇头晃脑。

仕女人像布

↓日本著名的插画大师中原淳一，喜欢创作50年代的少女人像，制作过法国人偶的经历，使得画风中带有一股浓浓的异国风情，印做布料不论裁制成什么，简单的包包仍然充满复古时尚感。

零钱小提包

利用最基础的纸型也能做出不同的立体感哦!

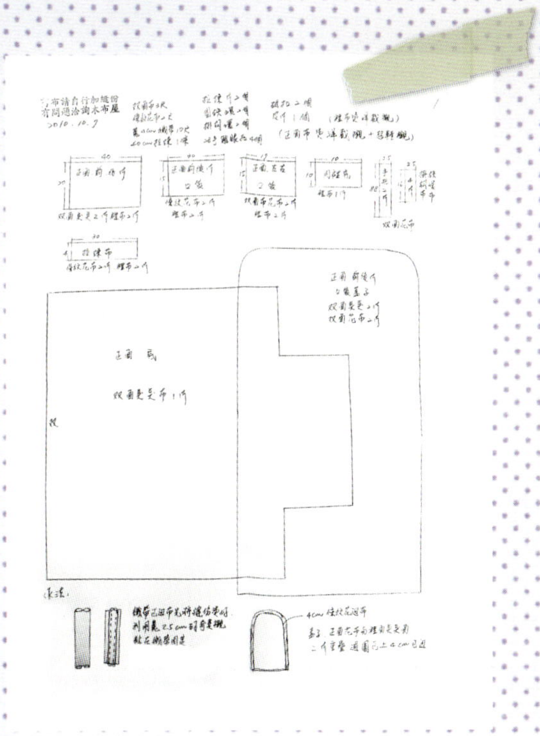

图书在版编目(CIP)数据

我爱布杂货.爱上温暖感布作/DIY玩布置编辑部编著.—郑州：河南科学技术出版社，2012.2
ISBN 978-7-5349-5304-0

Ⅰ.①我…　Ⅱ.①D…　Ⅲ.①布料-手工艺品-制作　Ⅳ.①TS973.5

中国版本图书馆CIP数据核字(2011)第169002号

出版发行：河南科学技术出版社
地址：郑州市经五路66号　邮编：450002
电话：(0371) 65737028　65788613
网址：www.hnstp.cn
责任编辑：李　洁　杨　莉
责任校对：张小玲
责任印制：张　巍
印　　刷：北京旺都印务有限公司
经　　销：全国新华书店
幅面尺寸：210 mm×280 mm　印张：6.5　字数：150千字
版　　次：2012年2月第1版　　2012年2月第1次印刷
定　　价：38.00元

如发现印、装质量问题，影响阅读，请与出版社联系调换。